세계
그 자체

일러두기

본문에서 단행본은 『 』, 일간지·잡지 등은 《 》,
논문·보고서 등은 「 」, 기사·영화·방송 프로그램 등은 〈 〉로 구분했다.
각주는 옮긴이가 쓴 것이다.

THE WORLD ITSELF

세계 그 자체

현대 과학에 숨어 있는, 실재에 관한 여덟 가지 철학

울프 다니엘손 지음
노승영 옮김

ULF DANIELSSON

동아시아

추천의 글

"가끔, 그러나 생각보다 꽤 자주 관찰되는 현상이 있다. 다른 사람이 보기에 어떤 유별난 특징을 가진 사람이 바로 그 특징을 적극적으로 부정하는 현상이다. 예를 들어, 뛰어난 외모로 유명한 영화배우 스칼렛 요한슨이 자신의 외모가 평범하다고 주장하거나, 인류 역사상 최고의 천재로 알려진 알베르트 아인슈타인이 자신이 수학 때문에 애먹는다고 고백하는 것과 같은 현상이다. 이 책의 저자는 우주의 궁극적 비밀을 고도의 수학으로 풀어내는 데에 전문가인 끈이론가다. 그런 저자가 우주는 수학이 아니며, 우리가 모든 것을 계산할 수 있는 것은 아니라고 말한다. 특히, 저자는 데카르트가 말한 것과 반대로, 우리가 생각하기 때문에 존재하는 것이 아니라 몸을 움직이기 때문에 존재한다고 말한다. 그리고 인간은 특별하지 않으며, 자유의지는 없다고 말한다. 이 책은 이러한 도발적인 주장들로 가득 찬 흥미진진한 책이다. 저자는 이론물리학의 끝에서 왜 이렇게 생각하게 되었을까? 독자들 모두 이 책을 통해 각자 자신만의 답을 찾아보기를 적극 추천한다."

—**박권**, 고등과학원 물리학부 교수,
『일어날 일은 일어난다』 저자

"『세계 그 자체』는 수학, 물리학, 그리고 실재의 본성에 대한 대담한 관점을 보여준다. 동의하는 부분도 있고 동의할 수 없는 부분도 있지만, 선도적인 이론물리학자인 울프 다니엘손은 우주의 가장 깊은 미스터리를 향해 우리를 집요하게 끌고 간다."

—**브라이언 그린**, 컬럼비아대학교 물리학과 교수,
『엔드 오브 타임』 저자

"쉽고 아름다운 이 책에 실린 다니엘손의 논증은 지능, 의식, 물리적 실재의 본성에 대한 나의 관점과 극렬하게 갈린다. 하지만 그렇기에 이 책을 추천한다!"

—**맥스 테그마크**, MIT 물리학과 교수,
『맥스 테그마크의 라이프 3.0』 저자

"이 짧지만 도발적인 책에서 다니엘손은 과학과 철학에 대한 놀랍도록 폭넓은 지식을 가지고 세계에 대한 그릇된 관념들을 무너뜨린다. 이 책이 수많은 토론과 논쟁을 불러일으키길 바란다. 이 책의 주제들에 대해 생각해 본 적이 있는 이들에게는 엄청난 흥밋거리가, 그렇지 않은 이들에게는 좋은 출발점이 되어줄 것이다."

—**로런스 크라우스**, 전 애리조나주립대학교 교수,
『무로부터의 우주』 저자

"다니엘손은 과학이 지닌 의미를 파헤치는, 스웨덴의 가장 중요한 작가다. 명쾌하고 강렬하면서도 매우 독창적인 주장을 전개하는 그의 책, 『세계 그 자체』는 과학적 세계관에 대한 기존의 통념을 뒤엎는다. 이 책은 고전이 될 것이다."

—**마르틴 헤글룬드**, 예일대학교 인문학과 교수,
『내 인생의 인문학』 저자

머리말

실재는 실재한다!

오스트리아에서 태어난 미국의 심리학자이자 가족 상담사인 철학자 파울 바츨라비크Paul Watzlawick는 1976년 『현실은 얼마나 현실적일까?How Real Is Real?』라는 책을 발표했다. 책에서 그는 구성주의 이론, 더 나아가 포스트모던 이론에 매우 중요한 명제를 옹호하는데, 그것은 우리가 우리 자신의 현실을 구성하며 따라서 객관적 현실은 존재하지 않는다는 것이다. 아무튼 이 이론들은 지금의 '탈진실' 세계를 떠받치고 있다.

솔직히 말하면, 물리학자인 나의 눈에는 이런 현실 부정이 지독히 비정상인 것으로 보인다. 눈앞에 서 있는 벽이 실재라는 것이 믿기지 않는다면 박치기를 해보시라. 조금이나마 현실감각이 돌아올 테니까. 작용-반작용 원리에 따르면 머리가 벽에 가하는 힘과 똑같은 힘을 벽도 머리에 가한다. 그러면 생체 조직이 손상될 수도 있고 의식을 잃을 수도 있다. 그야말로 '충격 요법'이랄까. 벽을 비롯한 현실 세계는 우리가 전혀 지각하지 못하더라도 엄연히 존재한다. 세계가 실제로는 존재하지 않는다면, 인류가 세계에 대한 정확한 지식을 공유할 수 없다면 물리학을 비롯한 과학의 존립이 위태로워질 뿐 아니라 더 심각하게는 인류의 생존 자체가 위험에 처할 것이다.

스웨덴의 물리학자 울프 다니엘손은 나와 마찬가지로 실재의 존재를 전혀 의심하지 않는다. 물리학자로서 우리의 임무는 '있는 그대로의 세계'를 연구하는 것이다. 우리가 원하는 세계가 아니라 오로지 있는 그대로의 세계 말이다. 우리가 살아가는 현실 세계는 자신의 모습을 우리에게 무지막지하게 들이밀기에, 평행 우주 같은 대안적 세계에 대해 아무리 솔깃한 환상을 품어보아야 헛수고다. 우리가 '우주'라고도 부르는 이 세계는 광대하고 다채로우며 복잡하다. 궁극의 복잡성은 우리 뇌의 구조와 기능에서 찾아볼 수 있는데, 뇌는 세계의 일부이면서도 세계를 이해하고자 노력하는 기관이다(그러려면 벽에 박치기하는 것은 금물이다). 물리학과 그 밖의 과학에서 우리는 과학적 방법을 통해 우리에게 참되어 보이는 세계의 표상을 얻어냈다. '참되어 보인다'는 말에는 두 가지 의미가 있다. 하나는 현실과 얼추 맞아떨어진다는 뜻이고, 다른 하나는 우리로 하여금 더 나은 삶을 살도록 한다는 점에서 매우 유익하다는 뜻이다. 일반적으로, 세계는 삭막하고 위험한 곳이며 우리의 지식만이 이 세계를 살 만하고 안락한 곳으로 바꿀 수 있다.

과학적 방법의 필수 요소는 수학이기에, 물리학이 세상을 기술하는 법칙 또한 수식으로 표현된다. 과학적 방법의 아버지 갈릴레오는 "자연이라는 책"이 수학의 언어로 쓰였으며 수학의 언어를 이해하는 사람만이 자연이라는 책을 읽을 수 있다는 멋진 비유를 남겼다. 갈릴레오는 낙하하는 물체를 기술할 때 수학을 동원했다. 머리에 떨어진 사과(벽에 박치기하는 것보다는 충격이 훨씬 덜했을 것이다)가 중력의 법칙을 따른다는 사실과, 달이 지구를 공전하고 지구를 비롯한 행성들이 태양을 공전하는 운동 또한 동일한 법칙의 지배를 받는다는 사실을 뉴턴이 깨달은 것도 수학 덕분이었다. 뉴턴이 기술한 중력 법칙은 단순할 뿐 아니라 아름답기까지 하다. 이 법칙에 따르면 두 물체가 서로 끌어당기는 힘은 질량에 정비례하고 거리의 제곱에 반비례한다. 물리학이 수학을 처음 받아들이긴 했지만, 그 밖의 과학들도 앞서거니 뒤서거니 물리학의 본보기를 따랐다.

다니엘손은 이론물리학자이며 웁살라대학교의 교수로(린네와 셀시우스도 이 학교에서 가르쳤다), 그의 전문 분야인 끈이론과 우주론에는 정교한 수학이 반드시 필요하다. 세계는 무엇으로 이루어졌을까? 세계는 어떻게 생겨났을까? 세계는 앞으로 어떻게 될까? 이런 거창한 물음의 답을 찾는 과정에서 물리학자들은 대단한 성공을 거두었다. 우리의 지식이 불완전하기는 해도 우리는 어마어마하게 복잡한 세계의 이면에 단순한 규칙이 있음을, 즉 '숨은 질서'가 있음을 발견했다. 물리학자들은 이 질서에 대한 부분적 지식에 만족하지 않고 입자물리학과 기본 상호작용을 통합한 '모든 것의 이론'을 찾고자 한다(끈이론이 후보 중 하나이기는 하지만 아직은 실험이라는 필수적 검증을 거치지 않았다). 이 책에서 다니엘손은 세계의 질서에 대해 물리학이 밝혀낸 훌륭한 지식을 바탕으로 우리에게 매우 중요한 메시지를 남긴다. "부디 세계를 세계에 대한 우리의 기술記述과 혼동하지 말라. 전자는 실재이지만, 후자는 세계를 표상하고자 하는 인간의 시도에 지나지 않으며 과학의 역사가 우리에게 알려주듯 개선될 수 있다." 세계에 대한 우리의 표상, 특히 수학에 기초한 '자연법칙'이라는 표상은 실재와 같지 않다. 세계는 그저 세계일 뿐이지만 세계에 대한 우리의 표상은 개선될 수 있으며 실제로도 그래왔다. 이를테면 아인슈타인이 기술한 중력 법칙은 뉴턴의 법칙을 포괄하면서도 훌쩍 넘어선다. 다니엘손이 강조하듯 아인슈타인 이후로 힘이라는 개념이 필요 없어졌는데, 이는 사과든, 달이든, 지구든, 모든 물체의 운동이 시공간의 곡면기하학만을 따르기 때문이다. 따라서 '힘' 개념은 요긴하기는 했지만 임시방편에 불과했다.

다니엘손은 분명하게 말한다. 우주는 우리가 발견하는 법칙 이상의 것이며 우주는 수학이 아니라고. 실재와 모형을 혼동하면 안 된다. 세계에 대한 컴퓨터 시뮬레이션은 실재의 '스케치'에 불과하다. 다니엘손은 여기서 한발 더 나아가 우리가 이따금 책과 영상에서 보고 듣는 것과 달리 우주는 컴퓨터가 아니라고 말한다. 우리 자신을 비롯한 모든 생명체가 물리적 세계의 일부이기는 해도 기계는 아니다. 또한 일부 인공지능 학자들이 주장하는 것과 달리, 뇌는 컴퓨터가 아니다.

다니엘손은 실재라는 개념이 막연하다는 것을 잘 알고 있다. 실재 개념은 철학의 영역에 속하므로, 그는 실재에 대해 철학이 어떤 말을 하는지 과감하게 설명한다. 무엇보다 아리스토텔레스, 후설, 하이데거를 인용한다. 다니엘손의 설명에 따르면, 심적 구성물을 실재로 착각하는 오류는 고대 그리스의 피타고라스주의와 플라톤주의로 거슬러 올라간다. 신경과학자 다마지오의 말마따나, 데카르트의 심신

이원론은 틀렸다. 데카르트는 육체와 영혼을 분리했지만, 오늘날 우리가 (생물종이 연속적인 것을 보아) 알다시피, 영혼의 새 이름인 마음은 몸과 분리할 수 없으며 마음이 내놓는 결과는 그것이 아무리 사변적일지언정 몸의 감각 경험을 통해서만 설명할 수 있다. 다니엘손은 데카르트가 스웨덴에서 세상을 떠났다는 점에 주목하면서, 이 책에서 펼치는 논증을 통해 그에게 '두 번째 죽음'을 선사한다. 다니엘손은 현대 철학의 의식 이론을 상세하게 설명한다. 포스트모던 철학은 거론하지 않는데, 포스트모더니즘의 흉악무도한 결론이 궁금하다면 플러크로즈와 린지가 쓴 『냉소적 이론들 Cynical Theories』을 읽어보길 바란다.

다니엘손은 철학이 과학과 관련해 오랫동안 탐구한 심오한 물음들을 언급한다(철학과 과학의 관계가 어찌나 밀접했던지 자연과학을 '자연철학'으로 부를 정도였다). 그중 하나가 결정론과 자유의지다. 모든 것은 자연법칙에 따라 결정될까, 아니면 우리에게 자유의지가 있을까? 다니엘손은 기발한 해법을 내놓았으니, 자유의지라는 개념이 왜곡된 것은 결정론에 대립하는 것으로 제시되었기 때문이다. 결정론이란 실재에 대한 일부 모형이 지닌 특징에 불과하다. 실제로는 자유의지란 존재하지 않으며, 결정론도 존재하지 않는다.

결론은 우리의 물리학이 불완전하며 플라톤의 이데아론

에 인질로 잡혀 있다는 것일 수밖에 없다. 이는 끈이론의 방정식들에서 뚜렷이 드러난다. 내가 보기에 다니엘손은 본질에 가닿겠다는 각오로 매진하다 이 문제를 다른 관점에서 볼 수도 있겠다고 생각한 듯하다. 어쩌면 근원에 집착하지 말고 전체를 보아야 하는지도 모른다. 우리가 쓰는 방정식에는 현실이 결여되어 있다. 말하자면 몸이 결여되어 있는 것이다. 미래의 물리학이 어떤 모습일지 모르지만, 다니엘손은 물리학이 생물학에서 많은 교훈을 얻으리라고 단언한다. 생물학은 수학에 치우치지 않고도 어마어마하게 다채로운 생명 세계를 통합했으니 말이다. 나는 다니엘손이 언급하지 않은 말을 과감하게 꺼내고자 한다. 모든 것의 이론은 존재하지 않을지도 모른다. 또는, 우리가 통일 이론을 가지고 실재를 기술하고자 하는 유혹에 굴복해야 한다고 끝내 주장한다면 그때 모든 것의 이론은 우리가 아는 것과 다른 종류의 이론일지도 모른다.

이 책은 다니엘손의 여섯 번째 대중 과학서다. 다니엘손은 스웨덴의 신문뿐 아니라 라디오와 텔레비전에서 과학을 전파하는 일에 폭넓은 경험이 있다(스톡홀름 왕립극장에서 공연하기까지 했다). 또한 스웨덴에서 가장 오래된 대학교인 웁살라대학교를 졸업하고, 아인슈타인이 몸담았던 프린스턴대학교에서 미국의 노벨 물리학상 수상자 데이비드 그로스의 지도하에 박사 학위를 취득했다. 다니엘손은 2009년 이래로 노벨상 수상자를 선정하고 있는 왕립스웨덴과학한림원의 회원이다. 영국의 펜로즈, 독일의 겐첼, 미국의 게즈가 블랙홀 연구에 대한 공로로 2020년 노벨 물리학상 수상자로 선정되었을 때 그 연구의 의미를, 다시 말해 블랙홀이 시간과 공간마저 무지막지하게 짜부라지는 우주의 무시무시한 심연이라는 것을 전 세계에 설명한 이도 바로 다니엘손이다.

이 책은 저자의 명료한 사고와 뛰어난 글솜씨 덕분에 술술 읽힌다. 스웨덴어 원서의 영어 번역도 훌륭하다. 이 책은 물리학이나 과학 전반에 대한 배경지식이 전혀 없는 독자에게도 흥미진진할 것이다. 모든 내용을 받아들이지 않아도 괜찮다. 이 책의 한 가지 묘미는 다니엘손이 인용하는 문학작품인데, 그는 프루스트, 보르헤스, 루슈디를 불러들인다. 또한 미술과 영화를 예로 들 때는 에셔, 타르콥스키, 큐브릭을 이야기한다.

특히 좋았던 점은 사례를 일상생활에서 가지고 온 것이었다. 그중에서 유명 축구 선수가 되기 위해 득점 방정식을 풀어야 하는 것은 아니라는 내용도 있다. 개인적 일화도 실려 있다. 아들이 다니는 유치원의 교사가 무한이 무엇인지 물었을 때, 그는 몸에 빗대어 이렇게 답한다. "당신은 어딘가를 목표로 삼아 멀리 더 멀리 가려고 애쓸 수 있다. 하지만 어느 시점에 이르러서는 분명 기진맥진할 것이다. 이렇듯 무한은 우리가 육체적으로 가닿을 수 없는 이상이며 플라톤적 관념이다." 우리는 우주가 유한한지 무한한지 알지 못하지만, 신체적 운동을 통해서든 인공물이나 빛 신호 포착을 통해서든 우리가 가닿을 수 있는 거리에는 한계가 있다. 하지만 이 책에서 절묘하게 논증하듯 우주에 대한 지식에는 끝이 없다. 실재는 실재한다. 우리는 실재이며, 실재를 대면할 것이다.

–카를루스 피올라이스,
코임브라대학교 물리학과 교수

CONTENTS

I.

모든 것은 물리학이다

THE WORLD ITSELF

자연물에 대한 이론을 정립하려면 우선 경험해야 한다.

—에드문트 후설

비밀을 하나 알려드리겠다. 살아 있는 존재는 기계가 아니고, 우리 머리 밖에는 수학이 존재하지 않고, 실재하는 세계는 시뮬레이션이 아니고, 컴퓨터는 생각하지 못하고, 의식은 환각이 아니고, 의지는 자유롭지 않다.

나는 이론물리학자이며 수학을 활용해 우주의 토대를 탐구하는 일로 먹고산다. 역사에서 알 수 있듯 수학은 성공을 거둔 방법이며 우리가 우주에서 발견한 모든 것을 통합적으로 이해하게 해주었다. 물리학은 우리 주위의 세계가 보편적 법칙을 따르는 미립자들로 이루어져 있으며 우주의 역사가 태초까지 140억 년 가까이 거슬러 올라간다는 사실을 밝혀냈다. 그러나 우리가 성공에 도취해 쉽게 잊어버리

긴 하지만, 수학적 모형과 실제 물리적 세계는 같지 않다.

수학은 우주를 다스리지 않는다. 수학은 우리가 우주에서 발견한 것을 기술하는 수단일 뿐이다. 자연법칙도 마찬가지다. 항성들 사이에서나 원자의 가장 안쪽에서 작용하는 자연법칙 같은 것은 없다. 자연법칙은 우주에 대해 우리가 아는 것을 우리 나름대로 요약하는 방법에 불과하다. 생물학적 유기체로서 우리는 자신이 경험하는 것을 최대한 이해하고자 애쓰지만 자연은 자연일 뿐이다.

모형을 실재와 동일시하는 이러한 오해의 바탕에는 인간의 의식이 세계 자체보다 우월하다는 이원론적 존재론이 깔려 있는데, 여기에는 역사적 뿌리가 있다. 우리는 필멸하는 물질을 다스리는 영원하고도 초월적인 영역이 있을 것이라고 상상하고는 한다. 과학이 우주에 대해 많은 것을 밝혀냈음에도, 우리는 사실상 종교적 세계관에서 스스로를 해방시키지 못한 것이다. 우리의 개념과 비유는 계속해서 우리의 사고를 오염시키고, 물리학은 물질을 지배하는 독립적이고 자율적인 존재를 상정한 채 아름다운 수학적 법칙을 발견하는 과학을 표방한다. 단순함과 아름다움을 추구하는 방법론은 많은 경우에 성공을 거두었지만 여기에는 위험도 따른다. 우주가 근본적 의미에서 아름답거나 단순하다는 보장은 전혀 없다.

이 모든 오해는 초월적 영혼에 대한 믿음과 은밀하고도 내밀하게 연결되어 있다. 하지만 자아의 뿌리는 몸일 수밖에 없는데, 이유는 간단하다. 수학, 언어, 더 중요하게는 의미가 물리적 몸 없이는 존재할 수 없기 때문이다. 자아 자체는 환각이 아니다. 자아는 몸에 깃들어 있으며 물질의 속성이므로 반드시 물리학으로 기술할 수 있어야 한다.

당신이 지금 손에 들고 있는 책에서는 모든 것이 물리학이며 물질 바깥에는 어떤 실재도 존재하지 않는다고 주장한다. 하지만 이 물질 세계가 무엇을 할 수 있는지 이해하려면 아직 갈 길이 멀었다. 우리가 정답에 가까이 접근했다고 믿을 근거는 전혀 없다. 생물학적 조건에 따른 한계로 보건대 세계에는 우리의 이해 범위를 크게 넘어서는, 질문조차 떠올릴 수 없는 핵심적 진리가 있는 듯하다. 그 진리는 우리가 가닿을 수 없는 특이한 현상에 대한 것이 아니라, 우리를 포함하고 우리가 일상생활에서 경험하는 바로 이 세계의 모습에 대한 것이다. 어떻게 주관적 경험이 존재할 수 있는지, 생명이 있는 물질과 생명이 없는 물질의 차이가 무엇인지 이해하려면 완전히 새로운 접근법이 필요할 것이다. 사소한 세부 사항을 조정하는 것으로는 어림도 없다. 뉴턴이 역학을 고안했을 때나 상대성이론과 양자역학이 등장했을 때만큼이나 거대한 패러다임 전환이 필요하다. 이 전환은 우리가 스스로를 바라보는 방식, 삶을 영위하고 우리 삶에 가치를 부여하는 방식에도 막대한 영향을 미칠 것이다.

세계의 참모습

우리는 상상과 현실의 경계가 흐릿해진 시대에 살고 있다. 오락과 소셜미디어에서 허구의 비중이 커졌기 때문만은 아니다. 우리가 자연과 맺는 관계, 그리고 안녕과 생존의 물리적 기초와 맺는 관계가 달라졌기 때문이기도 하다. 우리는 세계가 문화적으로 또한 사회적으로 구성되었으며 그 세계의 규칙을 우리 스스로 정한다고 상상한다. 대중문화에서는 우주 전체가 컴퓨터에서 실행할 수 있는 일종의 시뮬레이션이라며 상상의 나래를 편다. 현실감각을 완전히 상실한 사람들도 있는데, 그들은 기술적 수단을 써서 의식을 몸으로부터 해방시켜 전자 장치에 업로드할 수 있다고 진지하게 상상하기까지 한다. 과학이 우리 자신에 대해 밝혀낸 진실은 때로는 매우 가혹하고 그와 동시에 경이롭지만, 물리학에서 제시하는 그림은 사뭇 다르다. 우리는 유기체의 필멸하는 몸뚱이에 갇힌 생물학적 존재이지만, 무엇보다 신비하고 장엄한 우주의 일부이기도 하다.

과학을 대변한다고 자처하면서도 세계가 정말로 실재하

는지 의심하는 이들이 많다. 그들은 수학과 컴퓨터과학에 어찌나 매혹되었는지, 컴퓨터로 시뮬레이션할 수 있는 세계와 현실 세계 사이에서 어떤 차이도 보지 못한다. 심지어 세계 자체가 근본적으로 순수수학이라고 믿는 이들도 있다. 그들은 물리학이 우주에 대해 하는 말에 매혹되고 수학의 위력과 아름다움에 압도당한다. 이런 탓에 선한 기술이나 악한 기술이 무슨 일을 할 수 있는지를 놓고 종교에 가까운 미신이 횡행하기도 한다. 또한 많은 이들은 우리로 하여금 이 모든 발견을 가능하게 한 컴퓨터야말로 우주 자체에 대한 최상의 비유라고 결론 내린다. 이것이 새로운 현상은 아니다. 19세기의 첨단 기술은 증기기관이었는데, 당시 사람들은 우주를 경이로운 기계장치에 비유했다. 그들보다 더 잘 안다고 자부하는 우리는 우주를 컴퓨터에 비유할 수 있다고 믿는다. 심지어 한술 더 뜨기도 한다. 우주가 순전히 정보에 지나지 않으며 당신과 (당신의 생각을 비롯해) 당신을 이루는 모든 것을 일련의 0과 1로 변환할 수 있다는 것이다. 잘하면 이 방법으로 우리가 영생을 얻을 수 있을지도 모르겠다. 틀림없이 굉장할 것이다.

딱 한 가지 문제가 있는데, 이 믿음이 거짓이라는 것이다.

우리가 볼 수 있고 경험할 수 있는 모든 것(생명과 의식을 비롯한 우리의 물질적 우주)은 동일한 세계의 다른 측면들이다. 과학의 임무는 이 우주가 어떻게 작동하는지 속속들이 알아내는 것이다. 이를 위해 과학은 물리학, 화학, 생물학 같은 여러 학문의 도움을 받으며, 그 결과는 의학과 신경과학에 전수되고 인문학, 사회과학, 철학에 접목된다. 이 모든 학문에는 나름의 언어와 진리 판단 기준이 있으며, 우리는 이 다양한 지식 분야들이 어느 정도 서로 독립적이라고 여긴다. 그리고 모든 것의 토대, 어쩌면 꼭대기에 물리학이 있고 나머지 모든 것을 물리학으로부터 도출할 수 있다는 믿음이 널리 퍼져 있다. 생물학자가 동식물의 세포에서 일어나는 과정을 이해하려면 화학을 어느 정도 알아야 하고 화학자는 물리학의 원자 이론을 신뢰한다. 그런데 기초 물리학의 발견은 겹겹의 체에 걸러지므로 대부분의 사람들과는 사실상 아무 관련이 없다. 복잡하고 아름다운 우주가 입자물리학의 기본 법칙이 낳은 결과일 수는 있겠지만, 이 지식은 화학자에게 그다지 쓸모가 없으며 북유럽 신화 전문가에게는 더더욱 그렇다. 양자중력 분야의 추론은 철새 전문가가 눈여겨볼 사안이 아니며, 비슷한 맥락에서 대부분의 물리학자들은 생명체에 대한 지식이 빅뱅의 수학적 연구와 무관하다고 확신한다. 우리의 우주는, 특히 우주에 대한 우리의 지식은 과학자가 최대한 마음 편히 살아갈 수 있도록 편의적으로 짜여 있다. 그래서 자연과학이나 사회과학 같은 물리학 이외의 과학이 끼어들 여지가 생기는 것이다. 물론 동떨어진 분야들의 접점에서 낡은 문제를 새로운 관점으로 들여다보다 때때로 선구적인 과학적 진보가 이루어지기도 하지만, 물리학을 정점에 놓는 유구하고도 총체적인 서열은 좀처럼 도전받지 않는다.

솔직히 말하면, 세계에 대한 나의 시각이 언뜻 보기에 훨씬 극단적으로 비칠지도 모르겠다. 물리학은 그저 모든 것의 토대가 아니라 모든 것이다. 나는 물리학을 세계 자체의 모든 측면에 대한 연구로 정의한다. 우리는 유기체로서 이 세계의 일부를 이루며, 진화를 거치는 동안 서서히 자신을 영원한 잠에서 깨어난 물질로 인식하게 되었다. 물리학은 자유롭고도 독립된 관찰자가 세상 바깥을 떠다니며 멀찍이서 관찰하는 학문이 아니다. 우리의 유기체적 몸은, 우리가 만들어 내는 과학적 모형을 비롯한 우리의 모든 생각은 우리가 그토록 절실하게 이해하고자 하는 바로 이 세계의 일부다. 내가 상상하는 물리학은 무엇 하나 빠뜨리지 않고 모든 것을 다룬다. 물리학은 말 그대로 생사가 걸린 문제다.

이원론의 기원

독일에서 태어난 철학자 한스 요나스Hans Jonas는 걸작 『생명의 원리』에서 세계가 수천 년간 어떻게 달라졌는지 들려준다. 그것은 생명이 죽음 앞에서 굴복하는 이야기다. 고대에는 세계가 생명으로 가득했다. 온갖 종류의 인간과 동식물이 지구상에 퍼져 있었다. 몇몇은 존중받고 칭송받았지만, 몇몇은 어둠속에서 숨어 지내는 위험한 존재로 치부되며 설화와 민담의 소재가 되었다. 모두 나름의 방식으로 살아남고자 몸부림쳤기에, 끊임없이 움직이는 바람과 바다 같은 자연의 힘들도 살아 있는 것으로 간주되었다. 우리가 알지 못하는 목적에 따라 의도적으로 자신의 길을 따라가는 천체들에도 생명이 있을 법했다. 고대인들이 모든 것을 설명하기 위해 만들어 낸 우주론에서는 생명이 당연한 것이었고 죽음은 거대한 신비였다. 생명으로 가득한 세상에서 죽음의 역할은 무엇일까? 죽음을 어떻게 이해할 수 있을까? 생명과 죽음의 모순을 해결하기 위해서는 삶이 저승에서도 계속된다는 관념이 필요했다.

초기 인류가 상상할 수 있었던 것보다 세계가 훨씬 크다는 사실이 과학에 의해 발견되면서 모든 것이 달라졌다. 우주에서 지구가 차지하는 실제 위치를 깨닫고 나니, 우주의 대부분이 생명 없는 물질로 이루어졌음이 분명해졌다. 죽음이 사방에 있었으며 생명이 보기 드문 예외였다. 세계관도 달라졌다. 죽음은 규칙이 되었으며, 생명이야말로 설명이 필요한 신비가 되었다.

요나스에 따르면, 세계관이 이원론적으로 바뀌기 시작한 것도 인류가 생명과 죽음의 첨예한 모순을 맞닥뜨린 뒤였다. 이원론은 육체와 정신을 구분한다. 육체는 썩어버릴 물질로 이루어진 반면, 정신은 영적이며 영원하다. 우주의 대부분은 확실히 생명 없는 물질로 가득했지만, 누구에게나 명백하듯 내면의 빛, 즉 자아가 실재한다는 사실은 아무도 부정할 수 없었다. 살아 있는 정신은 이 세상 너머에서 비롯한 것이 틀림없었다. 이런 정신이라면 죽음을 이기고 영원히 살 수도 있지 않을까? 죽음을 극복할 능력을 가진 정신은 생명이 없는 물질보다 훨씬 거대한 것, 인간을 유일무이한 존재로 만드는 바로 그것임이 틀림없었다. 이것이 이원론의 개념이다. 살아 있는 육체는 생명이 없는 물질로 치부되어 버려졌다. 물론 정교하게 제작되기는 했지만, 불멸하고 비물질적인 정신에 의해 조종되는 기계에 불과했으니 말이다.

이런 접근법 덕분에 현대 과학이 가능해졌다. 과학자는 생명 없는 물질 세계로부터 분리되어 있으며, 정밀한 도구를 가지고서 안전하고 우월하고 객관적인 관점에서 세계를 탐구하여 그 결과들을 수학적 법칙의 형태로 요약한다. 이 법칙들은 우리가 세계에 대해 알 수 있는 모든 것을 아우르는데, 이런 까닭에 과학은 죽음에 집착하게 되었다.

요나스는 육체와 정신의 편의적 구분, 즉 생명 없는 물질과 살아 있는 인간 자아가 대립하는 세계가 진화론의 등장과 함께 와르르 무너졌다고 주장한다. 이원론은 르네 데카르트 같은 철학자들에게 옹호되었고 현대 과학의 토대를 형성했지만, 진화에서 드러나는 생명의 연속성에 의해 도전받았다. 더는 지구상의 나머지 생명과 동떨어진 무언가가 있다고 무작정 주장할 수 없게 된 것이다. 데카르트의 이원론에 따르면, 아메바, 나비, 개, 침팬지를 비롯한 모든 존재는 생명이 없는 물질로 만들어진 기계에 불과한 반면, 우리 인간은 정신, 자아, 그리고 세계를 탐구하는 능력을 갖춘 근본적으로 다른 존재로 규정되었다. 이것이 정말 말이 된다고? 인간이 독보적 존재로 올라서는 이 결정적이고도 경이로운 단계들은 언제 일어났단 말인가? 호모 에렉투스에게도 내적 자아가 있었으려나? 아니면 그 뒤에 우리가 언어를 가지게 되었을 때 생겨난 것일까?

진화는 단계적으로 일어나지만 상당한 연속성도 존재한다. 그것이 무엇이든 우리를 인간으로 규정하는 조건이 우리 조상들에게도 제한적 형태로 존재했으며 심지어 생명의 다른 형태에도 존재했으리라고 믿는 것이 타당하다. 얼마큼 존재했는지는 알 수 없어도, 의식과 생명 없는 물질 사이에 뚜렷한 선을 긋는 일은 이제 가능하지 않다. 물론 한 가지 가능성은 생명 없는 물질에 전권을 부여하여 물질로 하여금 생명의 마지막 피난처인 자아를 침공해 정복하도록 함으로써, 자아를 단순한 환각으로 치부하는 것이다. 그러면 생명으로 가득하던 옛 세상은 생명 없는 기계들의 세상으로 완전히 대체된다. 이원론이 죽고, 그와 더불어 생명과 주관적 자아도 죽는 것이다.

그러나 차차 보겠지만 여기에는 치명적 모순이 있다. 과학을 구성하는 우리의 방식은 여전히 이원론적 틀에 갇혀 있다. 관점이라는 것이 아예 존재하지 않는데, 어떻게 과학을 위한 객관적 관점이 있을 수 있겠는가? 기계들만 있는 세상에, 환각을 경험하는 사람이 아무도 없고 속는 사람도 없는 세상에 어떻게 환각이 있을 수 있겠는가?

의식은 물리적 현상이다

우리가 아는 물리적 현상들 가운데 단연코 가장 경이로운 것은 생명과 의식이다. 모든 것이 물리학이라면, 빅뱅의 뜨겁고 빽빽한 플라스마에서부터 인간의 의식에 이르는 연속선을 그을 수 있어야 한다. 물리학은 이 모든 과정을 기술할 수 있어야 한다. 내적 자아는 사물이나 물질의 여느 측면처럼 실재하며, 우리의 세계상 속에 모순 없이 엮여 들어야 한다. 나는 의식을 환각으로 치부하며 살아 있는 유기체를 기계로 묘사하는 것이 최선이라고 생각하는 이들에게 동의하지 않는다. 의식이 영원히 설명 가능하지 않고 정의상 물리학의 영역 바깥에 놓여 있다고 믿는 이들에게도 동의하지 않는다. 의식이 까다로운 문제인 것은 분명하다. 오스트레일리아의 철학자 데이비드 차머스David Chalmers 말마따나 "난제hard problem"일 수도 있다. 하지만 나는 불멸의 영혼이라는 형태로든 그것의 현대적 대체물인 정보의 형태로든, 자아가 물질적 토대로부터 분리될 수 있다고 믿지 않는다. 둘 다 희망 사항일 뿐이며 동화 같은 이야기에 지나지 않는다.

정말로 물리학이 모든 것일 수 있을까? 어떤 이들은 이런 세계관이 어떤 의미와 가치도 가지지 못한다고 생각한다. 물론 세계에는 아직 포착되지 않은 어떤 부분들이 분명 존재할 것이다. 심지어 이론적으로도 그렇다. 저 너머의 무언가에 대한 갈망이 어떤 이들에게는 종교로 충족되는 반면, 어떤 이들은 정보의 형태로 의식을 컴퓨터에 전송하고 업로드함으로써 영생을 누릴 수 있으리라고 꿈꾼다. 어떤 이들은 세계 자체를 순수수학과 동일시하기도 한다. 하지만 내가 물질이라고 부르는 것에는 근본적으로 생명과 의식이 포함된다. 끊임없이 현존하는 불가분의 주관적 1인칭 시점도 그중 하나다. 우리는 세계 바깥에 설 수 없으며, 살아 있는 몸으로서 세계 한가운데에 선 채 유일하게 존재하는 시점인 내부로부터 세계를 바라본다. (내가 정의하고자 하는 방식에서의) 물리학은 우주의 신비를 짓밟지 않으며, 제한된 지성으로 상상할 수 있었던 것보다 훨씬 경이로운 실재를 보여준다.

철학자 마르틴 헤글룬드Martin Hägglund는 획기적 저작 『내 인생의 인문학』에서, 기독교 교부 아우구스티누스가 썩을 운명인 지상에 대한 사랑과 영원한 천국에 대한 매혹 사이에서 괴로워하는 장면을 묘사한다. 헤글룬드의 주장에 따르면, 근본적 문제는 영원의 관점에서 볼 때 찰나가 무의미하다는 것이다. 의미가 생기려면 무언가가 결부되어야만 한다. 시간이 사라지고 더는 아무 일도 일어나지 않으면 당신은 죽은 것이나 마찬가지일 것이다. 천국은 우리가 사랑하는 지상의 것들에 영생을 선사하긴커녕 그것들의 의미를 부정할 것이다. 우리 시대의 과학도 비슷한 갈등을 맞닥뜨리고 있다. 천국에 대한 믿음은 세계를 컴퓨터 프로그램 속 수학적 정보에 온전히 담으려는 꿈과 일맥상통한다. 이런 식으로 모형과 실재를 뒤섞는 것은 세상 밖에 서서 자신을 불확실한 것과 썩어버릴 것으로부터 들어 올리려는 시도인 셈이다.

그러나 이런 시도는 실패할 수밖에 없다.

우리는 생물학적 존재이며, 우리를 정의하는 특징은 의미를 창조한다는 것이다. 하지만 창조란 썩을 운명을 전제한다. 오늘날의 세계는 우리에게 세계가 환각이라고 속삭이지만, 분명 세계는 실재한다. 환각에 지나지 않는 것과 피와 살로 이루어진 것 사이에는 차이가 있다. 그렇기에 이 책의 주제는 세계 자체다.

II.

살아 있는 존재는 기계가 아니다

THE WORLD ITSELF

뉴턴의 사과는 왜 땅에 떨어졌을까요? 여기서는 물리학이 먼저 등장하기 때문에, 물리학자가 내놓은 답에서 시작하겠습니다.

"임의의 두 물체 사이에는 크기가 물체의 질량의 합에 비례하고 질량 중심 사이의 거리의 제곱에 반비례하는 중력이라는 힘이 존재한다. 따라서 사과가 나무와 분리되어 지구 중심을 향해 움직이는 것은 이 힘 때문이다."

이제 진화생물학자의 답으로 넘어가 봅시다. "옛날 옛적에 사과는 위, 아래, 옆 사방으로 움직였다. 세상은 서로 부딪히는 사과들로 가득했다. 하지만 땅에 떨어진 사과만이 싹을 틔워 새 나무로 자랄 수 있었다."

—프랜시스 아널드(노벨 화학상 수상자), 2018년 노벨상 기념 만찬 연설

여섯 살 때 나는 생물학자가 되고 싶었다. 온갖 동물, 특히 물고기, 뱀, 곤충, 그리고 당연하게도 공룡과 같이 좀 더 특이하게 생긴 것들에 지대한 관심을 보였다. 동물에 대한 관심은 나이를 먹는 동안에도 이어졌다. 아홉 살에는 열대어가 든 어항을 선물로 받았으며, 여름에는 근처 연못에서 신기한 동물을 잡았다. 올챙이가 개구리로 자라는 광경을 지켜보았으며 쐐기풀을 먹여 키운 애벌레가 아름다운 나비로 탈바꿈하는 장면을 목격했다. 하지만 과학에 대한 관심이 무르익자, 가장 심오한 물음과 답은 내가 어릴 적 숲, 들판, 호수에서 잡은 생물에게서 찾을 수 없으리라는 느낌이 들었다. 세상이 정말로 어떻게 돌아가는지 이해하려면 별이 빛나는 하늘을 연구해야 했다.

그래서 물리학자가 되기로 마음먹었다. 나 같은 물리학자들은 자연의 기본 법칙을 연구하며 생물학에는 신경 쓸 필요가 없다. 이에 반해 생물학자는 기초 물리학을 적어도 어느 정도는 배워야 한다. 어쨌거나 생물학에서 무언가를 성취하려면 현미경 같은 도구를 이용하는 물리학의 실험 방법이 반드시 필요하다. 그렇다면 물리학자가 생물학자에게서 배울 수 있는 것은 무엇일까?

생물학자이자 대중 과학 저술가인 리처드 도킨스Richard Dawkins와 이 문제를 토의할 기회가 있었는데, 1,000여 명에 달하는 청중이 운집한 강연장의 무대 위에서 그를 인터뷰했을 때였다. 나는 그를 호되게 몰아붙였다. 도킨스는 흠잡을 데 없는 영국 신사다. 나직이 유머를 곁들여 이야기하는데, 실제 모습은 언론에서 이따금 묘사되는 것과 딴판이다. 어떤 이들에게 그는 영웅이지만, 또 어떤 이들은 종교와 단호하게 맞서 싸우는 그를 두려워한다.

나는 도킨스가 내 분야인 물리학을 묘사하는 것을 듣고 으쓱했다. 그는 물리학이 으뜸 과학이며 나머지 모든 것의 토대라고 말했다. 생물학이 복잡한 것을 다룬다면 물리학은 심오한 것을 다룬다고 치켜세웠다. 이 말을 듣고서 나는 내가 생물학이 아니라 물리학을 선택한 이유를 깨달았다.

나에게 매혹적이었던 것은 심오함이었다. 생물학의 복잡하고 너저분한 세계는 다른 사람들에게 떠넘기는 것이 상책이라고 생각했다.

물리학자들, 적어도 입자물리학 같은 분야에 푹 빠진 이들은 대개 단순함과 아름다움에 집착한다. 생물학에 관해서라면 도킨스의 무신론을 지지하더라도, 자신의 분야가 입에 오를 때면 그들은 아름답고 단순한 법칙이 창조의 바탕이 되어야만 한다는 믿음을 기꺼이 고백한다. 무신론자든 아니든, 물리학자들은 신의 얼굴을 본다거나, 신은 주사위 놀이를 하지 않는다는 식으로 농담을 주고받는다. 이것이 단지 비유에 불과할까? 많은 이들에게는 분명 비유에 지나지 않겠지만, 모든 것의 뿌리에 아름다움과 단순함이 있다고 생각한다면 금세 한 가지 물음을 맞닥뜨리게 된다. '왜일까?' 우리가 당연하게 여기는 자연법칙의 모든 아름다움은 누가 명령한 것일까? 누구의 눈에 아름다워야 하는 것일까? 단순함은 어느 척도에서 판단해야 할까? 그것은 왜 우리가 이해할 수 있을 정도로 단순한 것일까? 아름다움이 인간과 독립적인 절대적 개념이라고 믿는다면, 솔깃하고 거의 불가피한 결론이 바로 옆에 있다. 그것은 취향이 우리와 비슷하고 마음이 우리보다 그다지 크지 않은 조물주가 어딘가에 숨어 있는 것이 틀림없다는 것이다. 아이작 뉴턴과 그의 동시대인들은 이 개념을 기꺼이 받아들였다. 그뿐 아니라, 신이 존재한다는 증거를 찾아 지적 설계론을 입증하고 싶어 했다.

도킨스와 토론하면서 내가 알고 싶었던 것은 그가 물리학이 생물학으로부터 배울 것이 하나도 없다고 생각하는가였다. 늘 그런 것은 아니었다. 역사를 들여다보면, 생물학에서 기인한 통찰에 새로운 물리학의 실마리가 숨어 있었던 중요한 사례들이 있다. 진화가 바로 그런 예다.

19세기 후반 물리학계의 저명인사 켈빈 경Lord Kelvin은 물리학이 자연의 모든 비밀을 밝혀냈으며 몇 가지 자질구레한 세부 사항들만 남아 있을 뿐이라고 주장했다. 하지만 양자역학과 상대성이론뿐 아니라, 미래의 모든 발견을 낳은 것이 바로 이 세부 사항들이었다. 윌리엄 톰슨(켈빈 경)을 비롯한 물리학자들은 지구의 나이가 수천만 년을 넘었을 리 없다고 확신했다. 지구 내부의 마그마가 그보다 오랜 시간에 걸쳐서 식을 수 없고, 어떤 에너지원도 태양을 그보다 오랫동안 빛나게 할 수 없다는 이유에서였다. 물론 지구의 나이는 찰스 다윈에게도 고민거리였다. 진화가 일어나기 위해서는 그보다 훨씬 긴 시간이 필요했기 때문이다. 또 다른 위대한 생물학자 앨프리드 러셀 월리스Alfred Russel Wallace에게 보낸 편지에서 다윈은 이렇게 말했다. "세상의 나이가 젊다는 톰슨의 견해는 한동안 나에게 가장 골치 아픈 문제였소."

다윈의 우려는 사실로 밝혀졌으며, 해법을 내놓은 것은 20세기 초의 물리학 혁명이었다. 공교롭게도 해결의 실마리는 켈빈 경이 제기한 두 가지 문제였다. 방사능은 지구가 오랫동안 뜨거운 상태를 유지한 비결이었으며, 핵융합은 태양을 수십억 년 동안 빛나게 한 연료였다.

오늘날의 생물학에도 비슷한 단서가 숨어 있을 수 있을까? 아니면 생물학에서 배워야 할 물리적 현상은 하나도 남아 있지 않은 것일까? 나는 이것이 알고 싶었다. 도킨스는 확답하지 못하고 머뭇거렸지만, 다른 이들은 일말의 망설임도 없다. 그들은 우주를 다스리는 기본 법칙을 탐구하는 물리학자에게 생물학이 줄 수 있는 것은 아무것도 없다고 주장한다. 생물학자는 과학이 이미 밝혀낸 것보다 훨씬 적은 물리학만 가지고도 만족할 수 있다는 주장 또한 같은 맥락이다.

도킨스가 머뭇거릴 만도 했다는 생각이 든다.

부호

생명이란 무엇인가? 제2차 세계대전 막바지인 1944년, 물리학자 에르빈 슈뢰딩거Erwin Schrödinger는 이 질문과 같은 제목의 책을 썼다. 그는 물리학자로서 이 문제에 접근했는데, 기초 물리학에서조차 완전히 새로운 무언가가 필요할 수도 있음을 배제하지 않았다. 하지만 그의 책이 역사에 남은 것은 어떤 구체적 발상 덕분이었다. 그는 유전 정보가 물리적으로, 세포 속에 감추어진 일종의 결정 형태로 저장될 수 있다고 상상했다.

당시 그에게는 상세한 지식을 접할 방법이 전혀 없었지만, 10년 뒤 DNA의 이중나선 구조가 발견되면서 그의 이론은 대체로 입증되었다. 1953년 2월 28일, 케임브리지의 한 술집에서 영국의 과학자 프랜시스 크릭Francis Crick은 친구들에게 자신이 제임스 왓슨James Watson과 함께 생명의 비밀을 밝혀냈다고 말했다. 그 발견은 슈뢰딩거의 추측과 완전히 일치했지만, 두 생물학자가 올바른 방향으로 갈 수 있었던 것은 또 다른 한 물리학자 덕분이었다.

러시아의 천체물리학자 조지 가모George Gamow는 우주론에 대한 업적과 호평받는 대중 과학서로 유명하다. 1953년 여름에 크릭과 왓슨에게 보낸 편지에서, 그는 DNA에 부호가 들어 있어야 한다는 의견을 피력했다. 코돈 또는 단어 하나하나에 들어 있는 세 글자에 따라 아미노산이 단백질로 어떻게 조합되는지가 결정된다는 것이었다. 단백질은 어느 유기체에서나 가장 중요한 성분으로 꼽힌다. 가모의 중요한 업적은 이 문제를 단순화해 DNA 핵산의 서열을 단백질 속 아미노산의 순서와 대응시키는 수학 문제로 바꾼 것이다. 스물여섯 글자가 있는 영어 알파벳과 달리 유전 부호는 A, C, T, G 네 글자만 있으면 되는데, 이는 각각 아데닌, 시토신, 티민, 구아닌이라는 아미노산에 해당한다. 일반적 언어는 단어를 이루는 글자 수에 제한이 없지만, 유전 부호의 각 코돈에는 AAA, AAC, AAT처럼 정확히 세 글자가 들어 있다. 이렇게 하면 4×4×4=64개의 코돈을 찍어낼 수 있는데, 그중 61개는 아미노산을 나타내고 나머지 3개는 단백질 합성을 중단하라는 신호를 보낸다. 이를테면 AAT는 류신을, CGA는 알라닌을 나타낸다. 코돈들의 순서는 세포에 의해 생산되는 단백질 속 아미노산들의 순서를 뜻한다. 그런데 유전 언어에는 군더더기가 있다. 유기체에 들어 있는 아미노산의 개수가 20개를 넘지 않기 때문이다.

왜 이 수들일까? 왜 글자는 4개이고, 코돈은 세 글자로 제한되며, 코돈의 의미는 20개밖에 되지 않을까? 가장 단순한 세균에서 우리 인간에 이르기까지 유전 부호가 공통된다는 것은 놀라운 사실이다. 이는 모든 생명에 통일성이 있으며 그들이 공통 기원에서 비롯했음을 시사한다. DNA가 다르게 부호화되는 생명체를 상상할 수는 있겠지만, 현실에서는 발견할 수 없다. 수십억 년에 걸쳐 진화는 문장을 바꾸었을 뿐 언어 자체를 바꾸지는 않았다.

리처드 도킨스는 생명 세계에서 유전의 역할이 얼마나 중요한지 강조하기 위해, 이기적 유전자라는 굉장한 비유를 창안했다. 그가 보여주고자 했던 것은 유전자가 진화의 핵심을 이루는 방법이다. 유전자는 자신이 만들어 내는 유기체에 환경이 어떤 영향을 미치는지에 따라 발전하고 변화한다. 생존하고 번식하는 유기체로 표현되는 유전자는 다음 세대에 전달되며, 자식을 낳고 그 자식이 또 자식을 낳는 데 실패한 유전자는 사라진다. 동물이나 식물 형태의 유기체는 이기적이고 교활한 유전자의 부차적 도구에 지나지 않는다.

그렇다면 유전자가 유기체보다 어떤 의미에서는 실재에 더 가깝다는 것일까? 누군가는 유전자는 실재하지만 유전자가 부호화하는 유기체는 환각에 불과하다고 결론 내릴지도 모르겠다. 이 발상은 소크라테스 이전의 철학자인 데모크리토스의 주장을 떠올리게 한다. 그는 실제로 존재하는 것은 원자와 빈 공간뿐이며, 나머지 모든 것은 단맛과 쓴맛같이 관습에 지나지 않는다고 말했다. 생명을 바라보는 이런 관점에 따르면, 생물학에서의 유전자의 역할은 물리학에서의 원자의 역할과 같다.

도킨스의 비유는 설득력 있지만, 유전자가 무엇인지는

아직 분명하지 않다. 유기체는 유전자가 자신을 표현하는 유일한 수단이다. DNA 분자의 형태로 이루어진 물리적 표현에 대해서도 똑같이 말할 수 있다. 우리가 핵심 자체를 찾아 헤매다 발견하는 것은 유전자가 무형의 정보에 지나지 않는다는 사실이다. 도킨스는 이를 근거로 논리를 전개해 밈meme 개념을 도입했다. 자연선택을 뜻밖의 영역에 적용한 것이다. 사람에서 사람으로 전파되기만 한다면 밈은 하나의 단어일 수도 있고, 하나의 개념일 수도 있고, 하나의 생각일 수도 있다. 많은 이들이 쓰는 간단한 문구일 수도 있고, 생각들의 체계일 수도 있다. 심지어 사람들에게 심대한 영향을 미치고 사회가 건설되는 방식을 좌우하는 종교일 수도 있다. 밈은 인터넷을 통해 퍼지며 전 세계 인류의 두뇌에 영향을 미칠 수도 있다. 말을 통해 타인에게 전파될 수도 있으며, 수백 년간 고서에 갇혀 있다가 재발견되어 전 세계로 그 여정을 이어갈 수도 있다. 밈은 물리적 기반을 필요로 하지만, 그것은 내용과 완전히 독립적이다. 생각을 종이에 잉크로 기록할 수 있고 데이터를 USB 플래시 드라이브에 저장할 수 있는 것과 마찬가지로, 순수한 정보는 인간의 뇌에 다양한 방식으로 부호화될 수 있다.

진화와 유전 부호가 발견되면서 생명의 본질 자체가 순수한 정보이자 일련의 글자라는 주장이 제기되었다. 이에 따르면 유전 정보는 유기체를 동물이나 식물의 형태로 조합하는 방법이며, 그 유일한 목적은 자신을 더 많이 복제하는 것이다. 하지만 과연 그럴까? 이 논리에는 중요한 허점이 있다. 부호는 읽어줄 사람이 없으면 무의미하기 때문이다. A, C, G, T라는 글자 수십억 개로 이루어진 인간 유전체가 바로 그런 예다.

머지않아 많은 이들이 자신의 유전 부호를 속속들이 알 수 있을 것이다. 유전체에 들어 있는 정보는 많지 않다. 당신의 염기 서열뿐 아니라 친구 여러 명의 염기 서열까지 USB 드라이브에 넣어도 드라이브에 공간이 남을 것이다. 머나먼 미래의 고등 문명이 우리의 염기 서열을 발견하고 그 의미를 해독할 수 있으리라고 기대하며 염기 서열을 우주로 보낸다고 상상해 보라. 외계 문명이 당신의 복제본을 만들 수 있을까? 어림도 없다.

그것은 단지 현실적으로 어려운 것이 아니라 이론적으로 불가능하다. 설령 염기 서열이 DNA 분자에 기반한 부호라는 것을 외계인이 알았다 해도 성공하지 못할 것이다. 마찬가지로, 우리가 다른 항성으로부터 부호를 받았는데 그것이 유전 부호를 나타낸다는 짐작이 들었을 때 우리는 그것으로 무엇을 할 수 있을까? 그 부호가 DNA와 관계가 있다는 생각이 들더라도, 그것만으로는 정보를 살아 있는 유기체로 변환하는 방법을 알아내기에는 부족하다. 한마디로 아버지는 없어도 될지 모르지만 어머니는 없으면 안 된다.

열쇠는 부호를 해독해 물리적으로 살아 있는 유기체로 구현하는 온전한 세포계에 들어 있다. 부호를 읽을 수 있는 세포가 없다면 DNA 분자는 그저 무의미할 뿐이다. 알맞은 조건을 만나지 못하면 유전자는 다른 분자에 비해 딱히 이기적이지 않다. 마찬가지로 컴퓨터 코드(부호)는 모든 명령을 컴파일하고 실행할 적절한 컴퓨터가 없으면 무용지물이다. 애플 컴퓨터용으로 개발된 프로그램은 윈도 PC에서 돌아가지 않는다. 설상가상으로, 적절한 케이블이 없으면 컴퓨터 배터리를 충전할 수조차 없다. 실제 컴퓨터를 제작하는 데는 코드를 작성하는 것보다 훨씬 많은 공이 든다. 이를테면 우리는 양자 계산 프로그램을 작성하는 법을 오래전부터 알고 있었지만, 실제 양자 컴퓨터를 제작하는 것은 아직 성공하지 못했다.

유전 부호와 그것을 읽는 프로세스의 관계는 닭과 달걀의 관계와 같다. 어느 쪽이 먼저일까? 이는 암호 자체를 해독하는 데 필요한 부호가 암호화되어 있는 경우와 비슷하다. 이해할 수 없는 암호를 해독하기란 여간 난감한 일이 아니다. 하지만 실제로는 열악한 상황이다. 읽는 법을 모르면 정보가 무의미할 뿐 아니라, 여러 근거로 보건대 DNA에 모든 정보가 담겨 있지도 않기 때문이다. 세포는 DNA 조각에 들어 있는 정보를 이용해 DNA에 의해 부호화된 단백질을 만들어야 하는 시기가 언제인지 알아야 한다. 이 정보가 반드시 염기 서열 자체에 저장되는 것은 아니다. 이를테면 DNA의 염기 서열을 바꾸지 않고 화학적으로만 변화시켜 유전자가 발현되지 않도록 할 수 있다. 따라서 살아 있는 유기체가 얻은 성질이 다음 세대에 전달될 가능성이 있는데, 이는 중심 원리central dogma가 틀렸을 가능성을 암시한다. 중심 원리에서는 정보가 DNA에서 단백질로만 전달될 수 있으며 어떤 정보도 단백질에서 DNA로 전달될 수 없다고 규정하기 때문이다.

유기체가 경험을 활용하고 후대에 전달하는 방법에는 여러 가지가 있다. 우리 인간은 유난히 효과적인 방법을 발명해 수천 년간 써먹었다. 우리가 일평생 경험하고 배우는 것들에 대한 정보는 기억이라는 형태로 뇌에 저장되며, 이 정보는 교육을 통해 아이들의 뇌로 전달될 수 있다. 기술이 발달한 지금은 집단적 경험이 책과 전자 매체를 통해 수용자의 뇌에 전달되는 과정이 일반적이다. 밈은 유전자와 마찬가지로 인간의 진화와 적응에서 중요한 역할을 한다. 시간 척도는 다르지만 기초 물리학의 관점에서 보면 같다. 정보가 어떻게 저장되고 달라지는지 알아내는 것은 과학의 문제이지만, 우리가 모든 퍼즐 조각을 가지고 있으리라는 보장은 전혀 없다.

정보는 살아 있는 유기체의 기능과 발달을 기술하는 데 요긴한 개념이지만, 물리적 현상으로서의 생명을 이런 식으로 파악할 수 있다고 생각하는 것은 잘못이다. 생명은 그보다 훨씬 흥미로운 주제다.

살아 있는 기계

우리는 인간이자 과학자로서 단순함을 사랑하며, 단순함을 발견하면 기쁨을 느낀다. 물리학자에게 아름다움은 뜻밖의 단순함이다. 우리는 우주가 수학 원리에 따라 구성되었다고 상상한다. '본질적으로 다른' 현상들이 '동일한' 기본 법칙을 따른다고 여기는 것이다. 이전 세대들은 이를 어떤 신성한 공학자의 존재와 연관 지었다. 기계를 특징짓는 것은 설계인데, 설계는 발명가가 특정한 의도를 가지고서 기계를 제작하고 조립했다는 뜻이다. 따라서 외부의 작용에 의해 만들어진 기계에는 의미가 있다는 결론이 도출된다.

과학자가 환원주의에 사족을 못 쓰는 것은 당연하다. 어쨌거나 과학은 숨어 있는 단순함을 암시하는 패턴을 찾는 일이다. 하지만 현대 생물학은 조물주 없는 세계에서 아름다움이나 완벽함을 찾아야 하는 고충으로부터 자유롭다. '적당히'가 생명의 슬로건이며 때로는 아슬아슬하게 적당한 경우도 있다. 단순하고 주먹구구식으로 건설된 생명 세계에는 내재적 가치가 전무하다. 따라서 생물학의 유기체는 기계와 근본적으로 다르다. 유기체는 진화를 통해 생겨나고 설계는 존재하지 않으며 시계공은 눈이 멀었다.

유기체와 기계의 차이는 일찍이 철학자 이마누엘 칸트의 화두였다. 칸트는 『판단력 비판』에서 생명이 무엇인지 기계론만으로는 설명할 수 없다고 주장했다. 그가 이를 어떻게 알았는지 궁금할지도 모르겠다. 생물학에 대한 칸트의 식견은 매우 제한적이었을 텐데, 『판단력 비판』은 다윈이 진화를 발견하기 훨씬 이전에 쓰였기 때문이다. 칸트가 감지한 것은 기계론적 설명과 목적론적 설명 사이의 긴장이었다. 유기체는 그 자체로 원인이자 결과다. 부분이 전체를 만들고 전체는 부분을 좌우한다. 칸트는 우리가 이것을 이해할 수 있을지에 대해 비관적이었다. 그는 "자연의 구조는 우리가 아는 어떤 인과관계와도 닮지 않았다"라며 우려했다.

이 관점에서 보면, 생명의 역사를 서술하는 방식에는 위험천만한 모순이 존재한다. 많은 생물학자들에게서 보듯, 기계론적 생명관을 고집하면 무심결에 지적 설계론으로 흘러가게 된다. 이기적 유전자라는 비유도 도가 지나치면 무너진다. 해독되고 구현되는 부호로 이루어진 우리의 생명관이 우리가 그토록 거부하고 싶어 하는 엉성한 지적 설계론을 빼닮았다는 사실은 무척이나 아이러니하다. 생명의 세계는 그런 식으로 작동하지 않는다. 부호와 부호 해독자 사이에는 뚜렷한 경계가 없다. 유전체는 무형의 정보로 이루어지지 않았다. 그것은 물질로 이루어졌으며, 단순화된 모형에 들어맞을 필요성을 느끼지 않은 채 수십억 년간 진화한 세포계의 일부다.

미국의 철학자 대니얼 데닛Daniel Dennett은 이 문제로 골머리를 썩이지 않는다. 『박테리아에서 바흐까지, 그리고 다시 박테리아로』에서 데닛은 설계자가 없다는 전제하에서라면 자연을 구성의 관점에서 기술하는 것에 개의치 않는다. 나는 기계와 유기체를 구별하려고 애쓰지만, 그에게는 이 구별이 흥미롭지 않을 것이다. 그는 살아 있는 유기체에 설계가 없음을 일반인에게 설득하는 것을 시간 낭비로 여긴다. 그보다는 사방에 설계가 있음을 명백한 사실로 온전히 받아들이고, 그 설계가 어떻게 눈먼 진화를 통해 일어났는지 설명해야 한다는 것이다. 설계자의 대리인은 자연선택이며, 이 자연선택은 무작위 돌연변이로 생겨나는 새로운 유전자 변형을 통해 작용한다. 생존과 번식에 성공하는 유기체는 자신의 유전자를 미래 세대에 전달하고, 생명의 세계는 이런 식으로 진화한다. 나도 그의 태도에 어느 정도 공감한다. 그가 진화를 기술하는 방식에 전적으로 동의하며, 생명이나 의식을 기술하는 데 물리학 말고는 아무것도 필요하지 않다는 지적에도 전적으로 동의한다. 하지만 우리에게는 중요한 차이점이 하나 있다. 우리가 말하는 '물리학'은 과연 무엇을 의미할까?

데닛은 표현에 신중을 기하는 동료들을 거론하면서, 그들의 말이 쓸데없는 겸양 때문에 평가절하된다고 볼멘소리를 한다. 결국 그가 옳을지도 모르지만, 우리가 아는 현대물리학을 매우 진지하게 받아들인다면, 그의 입장은 기본 법칙에 대한 우리의 이해와 결코 부합하지 않는다. 데닛의 물리학에는 의미나 목적이 들어설 자리가 전혀 없다. 심지어 비유로서도 허용되지 않는다.

나 같은 물리학자들은 이따금 우리가 과학을 통째로 짊어지고 있다고 여긴다. 생물학자들은 자신이 다루는 모형이 문자 그대로 받아들여지지 않더라도 그 사실을 대수롭지 않게 여길 수 있을 것이다. 어려움은 언제나 아래로 떠넘길 수 있기 때문이다. 맨 아래에는 물리학자가 있는데, 그들은 책임을 떠넘길 사람이 아무도 없으며 아무것도 손에 쥐고 있지 않다. 방정식에는 어떤 의미도 목적도 없다. 하지만 바깥 세계에만 초점을 맞춘다면, 우리는 의미로 가득한 언어를 얼마든지 쓸 수 있다. 데닛과 마찬가지로 나는 여기에 교육상의 이점이 있다고 생각하는데, 감정을 불러일으키는 이야기를 통해 세상을 이해할 수 있기 때문이다. 하지만 우리는 더 많은 것을 성취하고자 한다. 우리의 포부는 주관적 내면 세계를 물리적 세계의 일부로 포괄하는 것이다. 모든 것이 물리학이라면 이는 불가피하며 숨을 곳은 어디에도 없다. 문제는 물리학이 대개 물리학자를 방정식에 포함시키지 않는다는 것이다. 물리학에서는 관찰자와 외부 세계를 분리하는 선을 반드시 그어야 한다. 하지만 당신이든 나든 대니얼 데닛이든 관찰자가 피와 살을 가진 몸임을 우리가 받아들이는 순간 전체 기획이 무너진다. 그 몸은 우리가 이해하려고 안간힘을 쓰는 바로 그 자연법칙을 따르기 때문이다.

책에서 데닛은 수많은 물리학자들 앞에서 했던 강연을 회상한다. 그는 청중에게 '$E = mc^2$'의 의미를 이해하는 사람이 몇 명이나 되는지 물었다. 다들 이해한다고 답했지만, 그때 한 이론물리학자가 일어나서 결코 그렇지 않다고 반박했다. $E = mc^2$을 제대로 이해하는 사람은 자신뿐이라는 것이었다. 데닛의 논점은 이해라는 것이 상대적 개념이며 여러 층위가 있다는 것이다. 내 논점은 그와 다르다. 나는 알베르트 아인슈타인의 공식을 실제로 이해하고 그것이 왜 대단한지 아는 사람들 가운데 하나다. 이 공식을 이해하면 물리학이 실제로 무엇인지, 물리학이 지금의 형태로 무엇을 성취할 수 있는지, 한계는 무엇인지에 대한 통찰을 얻을 수 있다. 물리학에는 솔직한 명료함과 용어의 정확함이 있다. 이는 스스로의 한계를 드러내는 데 일조한다. 이 명료함과 정확함은 생물학에서는 찾아볼 수 없다. 창조된 기계와 진화한 유기체 사이에는 온전히 정의되지 않은 차이가 있다. 진화는 생명이 실용적이고 결과에 주목한다는 사실을 보여주는데, 이는 여전히 단순함과 아름다움을 찬미하는 물리학과 대조적이다. 생명에는 우리의 모형이 아직 파악하지 못한 특별한 성질이 있다고 믿을 만한 실증적 이유들이 있다. 주관적 내면 세계도 마찬가지인데, 우리는 이것이 생명의 다른 형태에서도 표현될 것이라고 추측할 수 있다.

우주의 가장 심오한 신비를 탐구할 수 있는 더 유망한 방법을 찾고자 별을 연구하기 전 신기한 생물들을 채집하고는 했던 어릴 적 냄새 고약한 흙탕물 연못이 떠오른다. 흙탕물 속 잠자리 애벌레에 가장 큰 수수께끼가 숨어 있을 수는 없을까?

III.

우주는 수학이 아니다

THE WORLD ITSELF

하여튼 우리는 시간과 공간에 비해 한 가지 유리한 점이 있다. 우리는 시간과 공간에 대해 생각하지만 시간과 공간이 우리에 대해 생각할 리는 없으니까!

—존 카우퍼 포위스

물리학자, 특히 나 같은 이론물리학자는 곧잘 플라톤 콤플렉스에 시달린다. 우리는 수학이 세계를 얼마나 효과적으로 기술하는지에 대해 끊임없이 경탄하며 누구를 만나든 신이 나서 이야기한다. 수학적 추론을 바탕으로 삼고 단순함과 아름다움을 지도 원리로 삼은 이론적 구성은 이미 밝혀진 것을 재현할 뿐 아니라 완전히 새롭고 놀라운 예측을 내놓기도 한다. 이론적 연구는 주로 수학적 개념의 세계를 이용해 세계 자체를 이해하는 행위다. 진정으로 위대한 첫 번째 성취는 뉴턴이 사과가 나무에서 떨어지는 현상을 천체 운동의 물리학과 연결하는 데 수학을 동원해 성공을 거둔 것이었다. 뉴턴의 발견은 그의 호기심을 충족하는 통찰이었을 뿐 아니라 그 뒤로 수백 년간 기술적 발전의 토대가 된 실용적 이론이었다. 상대성이론과 양자역학은 더욱 발전한 수학을 이용해 우리가 자연에서 관찰하는 것을 기술하고 실험 결과를 예측한다. 입자물리학의 형태로 물질 내부에서 발견되는 모든 것은 수학으로 설명할 수 있다. 하지만 아무리 거창하고 정교해 보여도, 입자물리학을 특징짓는 것은 놀라운 단순함이다. 이런 상황을 맞닥뜨리면 우리는 수학을 세계와 독립적으로 존재하는 무언가로 보려는 유혹을 느낀다. 그렇지 않다면 어떻게 이토록 훌륭하게 작동할 수 있겠는가?

철학적 전통에서는 이런 세계관을 '플라톤주의'라고 부른다. 종교적 신념을 가진 사람이라면 쉽게 이해할 것이다. 이것을 어떻게 생각해야 하는지에 대한 실마리는 자연법칙이라는 개념 자체에 이미 담겨 있다. 자연이 따라야 하는 법칙을 만든 것은 자연 너머에 있는 누군가 또는 무언가일 수밖에 없는데, 그것이 바로 신이다. 이 신은 수학에 집착하며 모든 것이 서로 연결되도록 했다. 신의 뜻을 밝혀내는 것은 수백 년간 많은 물리학자들이 추구한 목표였다. 여기서 신을 대자연(우주 만물)으로 대체해도 달라지는 것은 거의 없다.

결코 인정하려 들지 않겠지만, 나의 몇몇 동료들에게 수학은 여전히 종교에 가까운 역할을 하고 있다. 그들에게는

메이커스

정식 한국어판 大人の科学 韓国語版

vol.1

70쪽 | 값 48,000원

천체투영기로 별하늘을 즐기세요!
이정모 서울시립과학관장의
'손으로 배우는 과학'

make it! **신형 핀홀식 플라네타리움**

vol.2

86쪽 | 값 38,000원

나만의 카메라로 촬영해보세요!
사진작가 권혁재의
포토에세이 사진인류

make it! **35mm 이안리플렉스 카메라**

vol.3

Vol.03-A 라즈베리파이 포함 | 66쪽 | 값 118,000원
Vol.03-B 라즈베리파이 미포함 | 66쪽 | 값 48,000원
(라즈베리파이를 이미 가지고 계신 분만 구매)

라즈베리파이로 만드는
음성인식 스피커

make it! **내맘대로 AI스피커**

vol.4

74쪽 | 값 65,000원

바람의 힘으로 걷는 인공 생명체
키네틱 아티스트
테오 얀센의 작품세계

make it! **테오 얀센의 미니비스트**

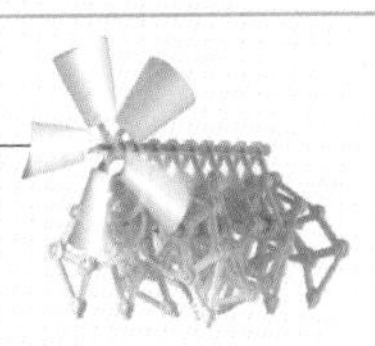

vol.5

68쪽 | 값 218,000원

사람의 운전을 따라 배운다!
AI의 학습을 눈으로 확인하는
딥러닝 자율주행자동차

make it! **AI자율주행자동차**

메이커스 정식 한국어판 大人の科学 韓国語版

vol.1

70쪽 | 값 48,000원

천체투영기로 별하늘을 즐기세요!
이정모 서울시립과학관장의
'손으로 배우는 과학'

make it! **신형 핀홀식 플라네타리움**

vol.2

86쪽 | 값 38,000원

나만의 카메라로 촬영해보세요!
사진작가 권혁재의
포토에세이 사진인류

make it! **35mm 이안리플렉스 카메라**

vol.3

Vol.03-A 라즈베리파이 포함 | 66쪽 | 값 118,000원
Vol.03-B 라즈베리파이 미포함 | 66쪽 | 값 48,000원
(라즈베리파이를 이미 가지고 계신 분만 구매)

라즈베리파이로 만드는
음성인식 스피커

make it! **내맘대로 AI스피커**

vol.4

74쪽 | 값 65,000원

바람의 힘으로 걷는 인공 생명체
키네틱 아티스트
테오 얀센의 작품세계

make it! **테오 얀센의 미니비스트**

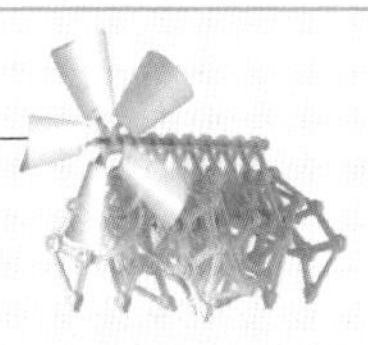

vol.5

68쪽 | 값 218,000원

사람의 운전을 따라 배운다!
AI의 학습을 눈으로 확인하는
딥러닝 자율주행자동차

make it! **AI자율주행자동차**

메이커스 주니어

만들며 배우는 어린이 과학잡지

초중등 과학 교과 연계!

교과서 속 과학의 원리를 키트를 만들며 손으로 배웁니다.

메이커스 주니어 01

50쪽 | 값 15,800원

홀로그램으로 배우는 '빛의 반사'

Study | 빛의 성질과 반사의 원리

Tech | 헤드업 디스플레이, 단방향 투과성 거울, 입체 홀로그램

History | 나르키소스 전설부터 거대 마젤란 망원경까지

make it! **피라미드홀로그램**

메이커스 주니어 02

74쪽 | 값 15,800원

태양에너지와 에너지 전환

Study | 지구를 지탱한다, 태양에너지

Tech | 인공태양, 태양 극지탐사선, 태양광발전, 지구온난화

History | 태양을 신으로 생각했던 사람들

make it! **태양광전기자동차**

수학이 명백히 신적인 도구는 아닐지라도 그 자체로 독립적인 도구다. 많은 이들은 수학이 독립적으로 존재한다는 믿음에서 위안을 찾고 싶어 하는데, 이는 신과 천국에 대한 종교인의 시각을 떠올리게 한다. 신에 대한 신앙 또는 불신앙은 수학이라는 초월적인 플라톤적 이데아에 대한 신앙 또는 불신앙에 비유할 수 있다. 두 경우 모두 자신의 주장을 뒷받침하는 탄탄한 실증적 증거는 전혀 없다. 수학과 아름다움이 다양한 분야에서 맡고 있는 역할을 보건대, 생물학자보다 수학자와 물리학자(특히 천문학자) 가운데 신자가 더 많으리라고 짐작된다(나의 짐작을 뒷받침할 만한 학술적 연구는 없지만).

다중 우주

맥스 테그마크Max Tegmark는 미국에서 활동하는 스웨덴의 물리학자이자 우주론자이며, 나와 똑같이 스웨덴 중부 달라르나 태생이다. 우리는 오랜 기간에 걸쳐 흥미롭고 즐거운 대화를 여러 차례 나누었으며, 분명 여러 면에서 우주에 대한 서로의 관점을 공유하고 있다. 우리 둘 다 우주가 지금껏 장비로 관측된 것보다 훨씬 크고 다채로울 것이라고 생각한다.

이 우주에서 우리가 그나마 통제할 수 있는 작은 부분은 내가 이 책을 쓰려고 앉아 있는 방에서 은하수의 별들을 지나, 관측 가능한 모든 은하를 지나, 우주 지평선까지다. 우주 지평선은 얼마나 멀리 떨어져 있을까? 그것은 기준에 따라 다르다. 시간을 최대한 거슬러 올라가면, 138억 년 전에 나타난 우주배경복사 구조가 검출된다. 이 구조에서 방출된 빛이 여행을 시작했을 무렵 우주 지평선까지의 거리는 4,000만 광년을 약간 넘는 정도에 불과했지만, 수십억 년이 지나면서 이 구조가 은하로 진화하고 우주가 팽창함에 따라 지금은 약 500억 광년으로 늘었다. 우리는 이 은하들이 지금 어떻게 생겼는지 볼 수 없지만, 가까운 은하들과 썩 다르지 않을 것이라고 생각해도 무방하다.

이것만 해도 거대하지만, 우주가 더 멀리 뻗어 있지 않을 것이라고 가정할 이유는 전혀 없다. 은하와 항성들이 훨씬 먼 거리까지 흩어져 있을 가능성도 얼마든지 있다. 물론 우리가 자리한 우주 한구석에서는 한 번도 일어나지 않은 드문 현상이 있을지도 모르지만, 입자물리학 수준에서의 기본 법칙을 비롯한 게임의 규칙은 같으리라고 예상할 수 있다. 얼마나 멀리까지 가야 근본적으로 새로운 것이 나타나고 우리가 한계에 도달하게 될지는 알 수 없다. 언뜻 무한한 세계를 끝없이 발견해 가는 〈노 맨스 스카이No Man's Sky〉 같은 컴퓨터게임이 떠오르기도 한다.

하지만 정말로 멀리 가면 게임의 규칙 자체가 결국 달라지고 우리가 보편적 자연법칙으로 착각한 것이 극적으로 달라질 거라 추측할 수도 있는데, 이런 생각은 전혀 터무니없지 않다. 물론 그러한 낯선 세계로 여행하는 것은 물리적으로 어려울 것이다. 자연법칙이 다르면 우리 몸의 원자들이 분해될지도 모른다.

역사를 통틀어 인간은 이전에 생각한 것보다 세계가 훨씬 크고 다채롭다는 사실을 거듭 발견했다. 뱃사람들은 새로운 바다와 대륙을 찾아냈으며, 결국 지구 전체의 지도가 그려졌다. 이제 우리는 우리 은하에만 하더라도 행성이 수없이 많다는 사실을 알고 있다. 하지만 우주가 어떻게 생겼는지, 우주 지평선 너머로 우주가 얼마나 멀리 뻗어 있는지 여전히 알지 못한다.

세계에서 우리가 웬만큼 파악했다고 생각하는 부분과 아직까지는 추측만 할 수 있는 부분이 구분되면서 다중 우주 개념이 인기를 끌었다. 이 개념은 우리 우주 너머에 아직 탐사하지 못한 훨씬 큰 다중 우주가 존재한다고 말한다. 중요한 것은 이 다중 우주의 여러 부분들이 서로 완전히 분리된 저마다의 다른 우주에 해당하는지, 아니면 서로 연결되었는지가 아니다. 중요한 것은 우리가 아는 것보다 모르는 것이 훨씬 많다는 점이다. 이런 사고방식은 상상의 지도를 만드는 유서 깊고 꽤나 성공적인 전통을 따른다. 목표는 간단하다. 물리적 세계가 얼마나 멀리까지 뻗어 있는지 알아내는 것이다.

다중 우주는 우리 우주가 왜 지금처럼 생겼는지 이해하는 실마리도 던져줄 수 있다. 항성, 행성, 생명, 그리고 우리 같은 생각하는 존재가 생겨날 수 있도록 자연법칙이 정교하게 조율되었다는 것은 아무래도 심상치 않다. 모든 것이 어떤 형태의 의도로 인해 주어졌다는 개념에 대한 대안은, 우주 또는 다중 우주가 하도 커서 순전한 우연의 결과로서 관측 가능한 우리의 우주와 맞아떨어지는 조건이 적어도 우주 어딘가에서는 발생해야 한다는 것이다. 이 추론은 지구가 생명의 탄생에 유리한 행성이라는 사실을 어떻게 바라보는지와 비슷하다. 지구에서 생명이 탄생한 것은 어떤 고차원적 힘이 지구의 궤도와 구성을 의도적으로 조정했기 때문이 아니라, 우주에 수많은 행성이 존재하기 때문이다. 우리는 모든 조건이 우연히 맞아떨어진 행성에 존재하게 되었을 뿐이다.

이 발상을 뒷받침하는 논거는 끈이론에서 찾아볼 수 있다. 끈이론은 우리가 아는 물리학의 여러 부분들을 통합해 일반 상대성이론과 양자역학의 골치 아픈 모순을 해결하려는 시도다. 끈이론에서는 온갖 종류의 수학을 이용하는데, 이에 따르면 공간의 차원이 우리가 관측할 수 있는 것보다 많다는 결론이 필연적으로 도출되는 듯하다. 엄밀한 이론적 관점에서 보자면, 우리의 자연법칙과 다른 자연법칙을 상상하고 그 법칙들을 연결하는 다중 우주를 상상하는 것도 결코 터무니없지 않다. 하지만 지금까지 우리는 끈이론의 수학을 진정으로 이해하지 못했으며, 유용한 예측을 하나도 내놓지 못했다. 과거 역사에서 보듯, 진정으로 대단한 발전과 발견이 언제 이루어질 것인지를 좌우하는 것은 새로운 관찰과 기발한 실험이다. 어쩌면 우리가 퍼즐의 중요한 조각을 가지고 있지 않은지도 모른다.

맥스와 나는 이런 종류의 다중 우주가 존재하는 것이 비합리적이지 않다는 데 동의한다. 문제는 맥스가 여기에 만족하지 않고, 이 모든 것 너머에 훨씬 경이로운 세계들이 존재한다고 믿는다는 것이다. 맥스만 그런 것도 아니다.

양자역학의 평행 세계

물리학에서 만날 수 있는 가장 신기한 것 중 하나는 양자역학이다. 양자역학에 따르면, 임의의 순간에 우주의 모습은 하나로 고정되어 있지 않고 여러 가능성이 중첩되어 존재한다. 이는 우리가 평상시에 골머리를 썩여야 하는 문제가 아니지만 소립자들에게는 일상이다. 원자핵을 공전하는 전자는 특정 위치에서 특정한 방식으로 움직인다고 확고하게 말할 수 없으며, 뭉뚱그려진 파동으로 기술하는 것이 고작이다. 이 한계는 원자의 구조를 이해하는 데 결정적으로 중요한데, 지금까지 진행된 모든 실험에서 이것이야말로 세계의 작동 방식임이 입증되었다.

이렇듯 물질에는 이중적 성격이 있어서, 어떤 때는 파동으로 기술하는 것이 최선이고 어떤 때는 입자로 기술하는 것이 최선이다. 입자와 파동이 서로 어떤 관계에 있는지를 해결한 것이 양자역학이다. 조금 선불리 말하자면 물질은 당신이 보지 않을 때는 파동처럼, 볼 때는 입자처럼 행동한다. 파동은 존재하는 가능성들을 나타내는데, 당신이 측정하는 순간에 그중 하나만이 실현된다. 나머지 가능성은 전부 사라지고 실현된 가능성만 남는다. 파동의 크기는 각각의 결과에 확률을 부여한다.

측정하기 전에는 어떤 선택도 이루어지지 않음을 명심하라. 파동성은 실제로 존재하며 수많은 현상을 낳는다. 낱낱의 입자를 다룰 때는 이 현상들을 관찰하고 측정할 수 있다. 문제가 생기는 것은 양자역학을 큰 물체에 적용할 때뿐이다. 모든 큰 물체는 작은 물체들로 이루어졌으므로 양자역학 법칙이 큰 물체에도 적용된다고 가정하는 것이 합리적이다. 고양이를 예로 들어보자. 에르빈 슈뢰딩거는 유명한 사고실험에서 고양이가 죽은 동시에 살아 있는 상태에 놓인 상황을 상상했다. 이는 원자핵 하나가 붕괴하는지 아닌지에 따라 이 고양이의 운명이 결정되기 때문이다. 원자핵에 아무 일도 일어나지 않으면 고양이는 살아 있지만, 원자핵이 붕괴하는 순간 고양이는 치명적 독극물에 노출된다. 원자핵은 관찰되기 전까지 두 상태(붕괴하거나 붕괴하지 않거나)로 존재할 수 있으므로, 고양이도 마찬가지여야 한다. 이 모든 현상은 상자 안에서 일어나며, 우리가 상자를 열어 안을 들여다볼 때만 비로소 어느 쪽인지가 결정된다. 고양이는 죽었을까, 살았을까? 양자역학은 둘 다라고 말한다. 우리가 상자를 열 때까지는 말이다. 이렇게 터무니없는 현상이 실재와 조금이라도 관계가 있을 수 있을까?

오랫동안 풀리지 않은 수수께끼는 이것이다. 실험의 가능한 결과들 중에서 선택이 이루어지는 것은 언제일까? 보다 수학적으로 표현하자면, 파동이 붕괴해 (실제로 측정되는) 최종 결과로 수렴하는 것은 언제일까? 이 물음을 놓고 많은 해법이 제시되었다. 덴마크의 물리학자 닐스 보어Niels Bohr 같은 사람들은 실제로 무슨 일이 일어나는지는 신경 쓸 필요가 없다고 주장했다. 큰 물체와 작은 물체는 다르다는 것이다.

붕괴는 당신이 관찰하려는 계가 크고 둔감한 측정 장치에 연결되어 양자역학적 특이성이 문제가 되지 않을 때 일어난다. 양자역학적 조건을 따르기만 하면, 현실과 일치하는 예측을 확실히 얻을 수 있다. 무엇이 더 필요하다는 말인가? 양자역학에서는 '닥치고 계산이나 해'라는 구호를 즐겨 들을 수 있다. 양자역학을 이렇게 해석하는 방식은 지금까지도 매우 인기가 있으며 '코펜하겐 해석Copenhagen interpretation'이라고 불린다. 보어가 코펜하겐에서 활동했기 때문이다. 하지만 코펜하겐 해석에는 이론적 문제가 있는데, 시간이 흘러 실험 기법이 발전하면서 현실적 문제가 되었다. 작은 것과 큰 것의 경계를 정확히 어디에 그어야 하나?

다른 물리학자들과 철학자들은 모호한 견해를 취하며 붕괴를 관찰자의 의식과 연결 지었다. 관찰자가 개입해 물질에 선택을 강요한다는 것이다. 붕괴를 일으키는 새로운 물리적 과정에 주목한 이들도 있다(아마도 양자중력과 관계가 있을 것이다). 이제 대부분의 물리학자들은 그중 어느 것도 필요하지 않다는 데 동의하는 듯하다. 붕괴는 물체가 충분히 커지자마자 저절로 일어나는데, 그 이유는 무척 간단하다. 전자 몇 개로 이루어진 계는 주변으로부터 쉽게 격리할 수 있는 반면, 고양이처럼 큰 물체는 그러기가 쉽지 않다. 큰 물체는 우주의 나머지 부분과 끊임없이 상호작용 하기에,

실제로는 우리가 무엇을 하든 붕괴에 필요한 관찰이 시행된다. 이런 식으로, 중첩이 존재하는 미시 세계에서 더 분명하게 정의되는 거시 세계로의 자연스러운 이행이 일어난다.

양자역학과 상대성이론을 비롯한 현대물리학은 낡은 고전물리학과 근본적인 면에서 다르지 않다. 물질의 초기 상태가 주어지면, 이후 상태는 자연법칙을 이용해 결정론적으로 계산하고 예측할 수 있다. 이는 뉴턴 역학에서 명백하며 양자 세계에서도 참이다. 파동 함수로 기술되는 양자 상태는 결정론적 슈뢰딩거 방정식에 의해 시간의 흐름에 따라 전개된다. 확률이 도입되고 결정론이 부분적으로 실패하는 것은 측정할 때뿐이다. 그 이유는 순전히 현실적인 것인데, 엄밀한 측정을 위해서는 물체를 나머지 세계로부터 분리해 그것에만 초점을 맞추어야 하기 때문이다. 주변 우주와 연결되면 계에 대한 정보가 새어 나가 유실된다. 우연과 확률이 이런 식으로 기어드는 것이다. 측정을 전혀 하지 않는다면, 우주에 대한 양자역학적 기술은 완전히 결정론적이다. 우리가 치러야 하는 대가는 모형의 틀 안에서 실제로 일어나는 일이라고는 아무것도 없다는 것일 테지만.

이 결과는 측정할 때 일어나는 현상을 매우 흡족하게 기술하며 덧붙일 것이 별로 없다. 하지만 이 결론을 도무지 받아들이지 못하는 이들도 많다. 양자역학은 수십 년간 물리학자들을 혼란에 빠뜨리고 철학자들은 더더욱 혼란에 빠뜨렸는데, 미지의 새로운 무언가가 무대 뒤에 숨어 있으리라는 생각은 아직도 쉽사리 떨쳐지지 않는 듯하다. 붕괴와 관련된 문제를 끝끝내 피하고 싶다면 한 가지 방법이 있는데, 붕괴가 일어난다는 것을 덮어놓고 부정하는 것이다. 그러면 파동 함수의 측정과 붕괴를 제한적 관점에서 비롯하는 환각으로 치부할 수 있다. 실제로는 어떤 선택도 이루어지지 않는다. 이것이 1950년대 후반에 물리학자 휴 에버렛Hugh Everett이 (종종 '다세계many worlds'라고도 불리는) '평행 세계'의 형태로 제안한 해석이다. 평행 세계에서는 어떤 선택도 이루어지지 않으며 모든 일이 일어난다. 역사는 매 순간저마다 다른 버전으로 갈라지는데, 이때 각각의 버전은 양자역학에서 허용되는 각각의 가능성에 해당한다. 당신이 속한 세계는 더는 특별한 곳이 아니며, 수많은 세계에 있는 당신의 복제본은 자신의 변종 세계를 진짜 세계로 여긴다. 누구도 옳지 않고 누구도 그르지 않다. 모든 세계는 동등하게 실재한다. 유의할 점은 이것이 우리가 앞서 살펴본 다중 우주와는 무관하다는 것이다. 다중 우주는 유일하게 실재하는 세계가 지금까지 우리가 그럴듯하게 가정한 것보다 훨씬 크고 다채롭다는 매우 합리적인, 꽤나 보수적인 가정일 뿐이다. 반면 평행 세계 가설은 우리의 역사뿐 아니라 다중 우주의 전체 역사가 매 순간 갈라지며 일어날 수 있는 모든 일이 실제로 일어난다고 말한다.

괴상한가? 그럴지도 모르겠다. 하지만 중요한 물음은 모형이 실재를 정확하게 표상하는가 하는 것이다. 많은 이들은 평행 세계 해석이 코펜하겐 해석보다 낫다고 생각하며 실제로도 그렇게 주장한다. 적어도 개념과 계산을 체계화하는 현실적 방법이 될 수 있다는 것이다. 하지만 실제로도 과연 그럴까?

평행 세계에 대한 신앙을 고백하는 이들은 주변 우주가 끊임없이 측정하면서 온갖 가능한 이야기들을 빚어내는 데 개의치 않는다. 하지만 고양이가 한 세계에서 죽거나 살거나 둘 중 하나이지 둘 다일 수 없는 것은 바로 이 측정 때문이다. 또 다른 기이한 궤변은 어떤 선택도 일어나지 않고 모든 대안이 다양한 평행 세계의 형태로 나름대로 그 존재를 이어간다는 주장이다. 고양이는 한 세계에서 죽은 상태로만 존재하고, 똑같이 실재적인 또 다른 세계에서는 살아 있는 상태로만 존재한다.

우리 이론물리학자들은 온갖 황당한 주장을 하고도 손가락질받지 않는 특권을 누리는데, 그 비결은 우리만이 실제로 돌아가는 상황을 이해한다는 인상을 풍기는 것이다. 때로는 그 인상이 맞을지도 모르지만, 평행 세계는 정신 나간 발상처럼 보일 뿐 아니라 실제로도 그렇다.

평행 세계 이론의 핵심은 무엇을 실재로 간주할 것인가 하는 물음이다. 수학적 도구는 단지 우리가 예측할 때 이용하는 모형의 일부일 뿐일까, 아니면 독립적으로 존재하는 무언가에 대응하는 것일까? 이 물음에 어떻게 접근하는지에 따라 결론이 달라진다. 수학적 구조를 우리와 독립적으로 존재하는 실재라고 믿는다면, 파동 함수를 이 범주에 넣고 평행 세계를 인정하는 것은 시간문제다. 하지만 당신이 (나와 마찬가지로) 물질적 우주가 수학의 형식언어와 독립적으로 존재한다고 믿는다면, 실재가 하나 이상 존재한다고 믿을 이유는 전혀 없다.

맥스 테그마크에게 돌아가 보자. 그에게, 또한 그와 비슷한 생각을 가진 이들에게 평행 세계는 실재한다. 그는 평행 세계, 지리적 다중 우주, 플라톤적인 수학적 구조의 세계를 하나로 엮는다. 아름다운가? 어쨌든 이는 많은 이들이 흥미를 느끼고 대중문화에서 유행하는 개념이다. 많은 이들이 보기에, 평행 세계는 물리학의 평판을 드높일 기회다. 그동안 물리학은 내세가 없고 의미도 없으며 데모크리토스의 죽은 원자만 있다고 주장하며 세계의 신비를 짓밟는다고 원성을 샀다. 하지만 평행 세계 이론을 통해 물리학은 너무나도 작고 갑갑한 이 하나의 현실에서 벗어날 수 있는 탈출구를 제시하며, 그렇기에 희망을 불러일으킨다. 당신의 꿈이 평행 세계들 중 하나에서 실현된다면 어떨까? 이는 '믿으면 구원받을지니!'라는 희망찬 메시지로 들린다.

나는 개인적으로 겁이 난다. 요하네스 케플러는 수많은 세계가 존재하며 별 하나하나가 태양이라는 조르다노 브루노의 추측을 접하고서 겁에 질렸는데, 나도 그 심정이 이해된다. 물론 두려움이라는 감정은 우리 세계 말고도 다른 세계들이 존재할 수 없는 이유가 될 수 없다. 자연에는 악몽을 일으킬 만한 무시무시한 현상들이 수도 없이 많다. 블랙홀을 생각해 보라. 하지만 나의 두려움은 종류가 다르다.

나는 물리학에 대한 질문을 매일같이 이메일로 받는데, 일일이 답변하자니 힘에 부친다. 그래서 늘 양심의 가책에 시달린다. 하지만 몇 해 전, 특이한 편지를 받고서 상대방과 연락을 주고받게 되었다. 편지를 보낸 이는 맥스의 책을 읽은 여성으로, 평행 세계의 개념을 접하고 놀라서 겁에 질렸다고 말했다. 근심 가득한 편지였다. 그녀는 맥스와 내가 재미 삼아 궁리한 장난스러운 사고실험을 진지하게 받아들였다.

그녀에게 이 사고실험들은 말 그대로 생사가 걸린 문제였다. 그녀는 특히 양자역학적 자살에 대한 사고실험에 심란해했다. 당신이 머리에 리볼버를 겨눈 채 러시안룰렛을 한다고 가정해 보라. 리볼버에 장전된 총알은 하나뿐이지만, 방아쇠를 당겼을 때 그 한 발이 발사되어 당신의 목숨을 앗아 갈 위험은 매우 크다. 총알이 발사되지 않으면 당신은 탄창을 돌린 다음 재도전한다. 이번에는 운이 좋을지도 모르지만, 총알은 조만간 발사될 것이다. 하지만 평행 세계 이론이 정말로 사실이라면 무엇을 경험하게 될까? 당신은 매 순간 다른 복사본들로 갈라지며, 몇 번을 시도하든 늘 성공적으로 살아남는 버전이 있을 것이다. 그리고 그중 하나는 지금의 당신일 것이다. 그렇지 않다면 아예 존재하지 않을 테니 말이다. 이 추론은 죽음이 있는 곳에는 우리가 존재하지 않고 우리가 존재하는 곳에는 죽음이 존재하지 않는다는 에피쿠로스의 명제를 따른다. 그런데도 왜 당신은 운에 맡기고 러시안룰렛을 시도하지 않는가? 물론 친척들이 당신의 시신을 발견하고 비탄에 빠질 세계도 (무한히 많이) 있겠지만, 어차피 그 세계들에는 당신이 없을 것이다. 사실 러시안룰렛을 할 필요도 없다. 삶을 살아가는 것만으로 이미 그와 똑같은 게임을 하는 셈이기 때문이다. 평행 세계 이론의 예측에 따르면, 당신이 살아 있는 세계가 물리적으로 가능하기만 하다면 당신은 당신의 관점에서 볼 때 틀림없이 살아 있을 것이다. 당신이 200년간, 1,000년간, 100만 년간 살아 있을 확률이 있다면, 당신은 그때까지 살아 있을 것이다. 당신이 죽지 않을 확률이 조금이라도 있다면, 영생을 누릴 것이다.

편지를 쓴 여성은 이것이 사실일 수 있는지에 대해 답변을 요구했다. 마음의 평안을 얻고 싶다며 평행 세계가 존재할 수 없는 이유에 대한 설득력 있는 논증을 원했다. 무한한 수의 세계와 하나의 세계 가운데 어느 한쪽을 선택하는 것은 대수롭지 않게 넘길 수 있는 문제가 아니었다. 애태우는 발신인에게 보낸 답장은 두 부분으로 이루어졌다. 첫 번째 조언은 나와 맥스 같은 사람들을 너무 진지하게 받아들이지 말라는 것이었다. 측정할 수 있는 범위를 크게 벗어나는 현상을 놓고 물리학자들이 벌이는 논쟁은 우리가 아무것도 모른다는 사실을 보여줄 뿐이다. 더 나아가, 물리학과 관련된 문제들에 끼어들려는 철학자들도 별로 도움이 되지 않기는 마찬가지다. 이렇게 말하고는 내 분야를 깎아내린 것이 마음에 걸려서, 내가 옳은 이유에 대한 몇 가지 논증을 즉석에서 떠올려 제시한 뒤 이 주제에 대해 책을 쓰고 있다고 덧붙였다. 책이 나올 때까지 그녀가 끈기 있게 기다릴 수 있기를 바랐다.

우리 모두가 양자역학의 평행 세계가 사실이라고 확신한다면 무슨 일이 벌어질까? 나는 정말로 나쁜 일이 벌어질 것이며 나에게 편지를 쓴 여성이 제대로 판단했다고 확신한다. 사람들은 발 디딜 곳을 잃을 것이며 그 결과로 문명도 붕괴할 것이다. 어처구니없게도, 평행 세계를 믿는 이들은 어느 누구도 평행 세계 이론이 옳다고 설득당하지 않아서 모두가 평범한 삶을 영위하는 세계들도 반드시 존재한다는 생각에서 위안을 찾을 수 있겠지만 말이다.

물리학은 궁극적으로 실재를 다루므로 그것에는 옳은 답과 틀린 답이 있다. 이에 반해 세계가 하나인지 여럿인지 알아내는 것은 영영 불가능할지 모르며, 철학자들은 저마다 다른 입장을 옹호하거나 반박하면서 끝없는 토론을 벌일 수도 있다. 그러나 나는 그 차이가 피와 살로 이루어지고 의미를 만들어 가는 존재로서 우리 인간에게 절대적으로 중요하다고 믿는다.

에드문트 후설Edmund Husserl 같은 현상학자들은 이 딜레마를 해결할 방안을 오래전에 내놓았다. 이원론에 논리적 허점이 있고 (과학 자체를 비롯한) 모든 생각과 모형이 우리의 몸에 깃들어 있음을 깨닫는 것만으로는 충분하지 않다. 우리를 포함하는 세계 자체는 우리의 의식에서 표상되기만 하는 것이 아니다. 그것은 스스로를 표상하기도 한다. 우리가 유기체적 몸을 통해 신체감각으로 직접 경험하는 대상은 물리적이고 구체적인 의미에서의 세계 자체다. 모형, 시뮬레이션, 기억은 실재하는 것과 같지 않다. 프랑스의 철학자 모리스 메를로퐁티Maurice Merleau-Ponty에 따르면, 실재에는 우리의 상상 속에만 존재하는 것과는 다른 무언가가 있다. 세계에 대한 수학적 모형화가 이루어지기도 전에 나머지 모든 것의 토대를 놓는 기본적인 과학적 관찰이 존재하는데, 그것은 이 세계가 실재한다는 것이다.

이제 플라톤주의가 타당한 길이 아님을, 적어도 과학적 접근법을 세계관의 바탕으로 삼고자 한다면 올바른 길이 아님을 당신에게 설득해 보겠다.

모든 것은 수학일까?

가장 온건한 형태의 플라톤주의에 따르면, 물질을 지배하는 것은 물질적 우주 바깥 이데아의 세계에 존재하는 수학적 법칙이다. 이런 세계관은 본성상 이원론적이며, 관찰자가 세계 바깥에서 세계를 통제할 수 있음을 전제한다. 이것은 위대한 수학자인 신이 법칙을 창조했다는 종교적 세계관과 전적으로 부합하며 그것을 가정하다시피 한다. 인간은, 적어도 수학을 훈련받은 물리학자는 신과 마찬가지로 세계의 바깥에서 신의 생각을 읽으려고 애쓴다. 그러므로 플라톤적 형태의 수학에 대한 믿음은 신에 대한 믿음에 빗댈 수 있다. 그렇기에 이런 믿음에 반대하는 합리적 논증이 늘 효과를 발휘하는 것은 아니다. 당신이 수학을 좋아하지만 이원론은 썩 달갑지 않다면, 맥스처럼 물질을 내던지고 수학에만 전적으로 매달릴 수 있다. 그런데 이는 더욱 과격한 형태의 플라톤주의로 이어진다.

입자물리학과 양자의 세계에서 벌어지는 현상들은 우리가 일상생활에서 다루는 것과 동떨어져 있는데, 이런 현상들에 대해 생각하다 보면 모든 것이 수학이라는 발상이 솔깃해 보일 수 있다. 입자와 장이 어떻게 행동하는지 기술하는 언어는 정교한 수학을 이용하는데, 이 수학은 여러 면에서 우리의 일상적 직관과 모순된다. 물리학에서 다루는 개념, 이를테면 쿼크는 오로지 수에 의해 결정되는데 쿼크는 실제로 존재하는 것에 대응하므로, 이 추론으로부터 실재가 수에 불과하다는 결론이 도출된다. 하지만 좀 더 쉽게 파악할 수 있는 현상에 대해 생각해 보면, 극단적 플라톤주의는 이내 난관에 봉착한다. 행성 궤도를 예로 들어보자. 궤도가 실제로 타원이라는 것은 어떤 의미일까? 요점은 행성 궤도가 당신 머릿속의 타원 개념과 비교했을 때 타원처럼 보일 뿐 아니라 구체적이고 물질적인 의미에서 정말로 타원이라는 것이다. 이는 행성의 속력과 위치를 기술하는 수가 우주에 실제로 존재한다는 뜻일까? 실제로? 이 수들은 어떤 좌표계에서 어떤 단위로 표현될까?

또 다른 예는 전자기다. 복소수는 실수부와 허수부로 이루어진다. 허수부는 −1의 제곱근에 비례하며 i로 표기된다. 양수든 음수든 모든 실수는 양인 제곱수가 있다(실수 0의 제곱수인 0도 있다). 하지만 i^2은 정의상 −1이다. 복소수는 교류 전류에서 중요한 역할을 하며, 전류나 전압의 위상은 복소 평면에서 회전하는 벡터로 기술된다. 이는 딱히 고차원적인 수학이나 물리학이 아니며, 우리 주변에서 흔히 보이는 기술의 필수적 부분이다. 그렇다면 −1의 제곱근은 조명 스위치를 켜는 순간 생겨나는 것일까? 반대로 이 현상을 허수 i 없이 기술하기로 선택한다면(그래도 문제는 없다), 이런 종류의 수학이 느닷없이 존재하지 않게 된다는 뜻일까? 수학을 세계를 기술하는 도구로 여기는 사람에게는 이 가운데 무엇도 딱히 괴상해 보이지 않는다. 하지만 세계 자체를 순수수학으로 여긴다면 역설에 빠질 수밖에 없다.

수학적 대상의 존재를 옹호하는 이른바 최상의 논변을 제시한 이들은 미국의 위대한 철학자 윌러드 콰인Willard Quine과 힐러리 퍼트넘Hilary Putnam이다. 둘의 논리는 두 가지 진술에 토대를 두는데, 그들은 이 진술로부터 수학적 대상이 실재한다는 결론이 도출된다고 믿는다.

첫째, 과학 이론에 필수 불가결한 것은 모두 실재한다.

둘째, 수학은 과학 이론에 필수 불가결하다.

그러므로 수학적 대상은 실재할 수밖에 없다. 이것이 전체 논증의 핵심이다. 중요한 것은 '실재한다'라는 낱말이 매우 진지하게 받아들여지고 있다는 것이다. 이는 관찰자인 우리와 독립적으로 존재한다는 것을 뜻한다. 콰인과 퍼트넘의 논리를 따르면, 수학적 대상은 인간이 지구 위를 걷기 전, 어쩌면 우주가 탄생하기도 전부터 실재했다는 결론을 내리게 된다. 이것은 분명 구닥다리 플라톤주의에 불과하다.

이것이 불가피한 결론일까? 콰인과 퍼트넘이 논증의 근거로 삼은 두 가지 주장에 대해서는 각각 반론이 제기되었다. 아마도 가장 극단적인 반론은 두 번째 진술에 맞서 수학 없이도 과학을 하는 것이 가능하다는 주장일 것이다. 1980년에 미국의 철학자 하트리 필드Hartry Field가 수학이 유용하기는 하지만 순전히 허구라고 주장한 것처럼 말이다. 이것이 정말 가능할까?

당신이 축구 경기를 보고 있다고 해보자. 한 선수가 골대를 향해 공을 차려고 오른쪽 위 모서리를 겨냥한다. 어느 방향으로 얼마나 세게 차야 할까? 최적의 속력은 얼마일까? 나는 물리학자이니까 문제를 해결하기 위해 뉴턴의 법칙을 동원하며 수학 실력을 발휘할 것이다. 그러려면 공의 질량과 질량 분포를 염두에 두어야 한다. 공이 어떻게 회전하는지, 공기의 영향을 어떻게 받는지도 고려해야 한다. 그나저나 바람도 좀 불고 있지 않나? 그렇다면 문제는 더 복잡해진다. 신경 써야 할 것은 이것 말고도 많은데, 현실적으로 계산하려 한다면 문제는 아주 복잡해질 것이다. 대학교 기초 역학 수업에서 시험 문제로 내는 것은 꿈도 못 꿀 일이다.

우리가 계산을 시작하기도 전에, 그러니까 방정식을 하나 쓰기도 전에, 선수는 이미 결정을 내렸고 공은 날아가고 있을 것이다. 능숙한 선수라면 공은 아마 골대 안으로 들어갈 것이다. 하지만 경기를 관람하는 이들 가운데 우리의 계산 결과에 주목하는 이는 한 사람도 없을 것이다. 몇 시간이 걸릴지조차 알 수 없으니까.

공의 궤적 같은 문제를 분석하는 데 수학이 정말로 필수 불가결할까? 축구를 잘하기 위해 대학교에서 수학이나 물리학 학위를 받을 필요는 없는 것을 보면 그렇지는 않아 보인다. 하지만 수학이 필요하지 않아 보이는 것은 착각에 불과할지도 모른다. 축구 선수는 억겁의 세월 동안 진화하고 다년간의 훈련으로 미세 조정된 생물 회로를 통해 무의식적으로 수학적 계산을 실행하는 것일지도 모른다. 어쩌면 우리의 축구 선수뿐 아니라 (파리 잡는 제비처럼) 움직이는 물체를 다뤄야 하는 모든 생물이 17세기 뉴턴이 발명한 것과 비슷한 방법을 쓰는 것은 아닐까?

수학이 축구 선수나 제비에게는 필수 불가결하지 않지만 물리학에는 필수 불가결하다고 주장하고 싶을지도 모르겠다. 하지만 여러 방법이 있다면, 어떻게 그중 하나가 필수 불가결한데 나머지는 아닐 수 있겠는가? 이 모순을 피하고 싶다면, 축구를 하는 것과 과학을 하는 것이 다른 문제라고 주장하는 방법이 있다. 과학을 평가하는 인기 있고 합리적인 기준 가운데 하나는 모형이 실재를 얼마나 효과적이고 성공적으로 표상하는가다. 축구장 위를 날아가는 공으로 보건대, 유능한 선수는 매우 길고 복잡한 연산을 처리할 수 있는 듯하다.

물론 이것이 특수하고 매우 제한적인 사례라고 주장할 수도 있다. 수학이 필수 불가결하다는 주장은 훨씬 일반적인 맥락을 전제한다. 행성의 운동이나 블랙홀 근처에서 일어나는 일을 기술하고 싶다면 수학 없이는 불가능할 것이다. 하지만 정말로 그럴까? 축구 선수가 공을 편안하게 느끼는 것처럼 행성과 블랙홀을 편안하게 느끼는 외계인이 없으리라는 법은 없다. TV 드라마 〈스타트렉Star Trek〉에서 우주선은 이따금 고머갠더라는 우주 고래를 맞닥뜨리는데, 이 짐승은 항성풍의 알파 입자를 먹고 산다. 이런 생물은 물리학을 다루는 색다른 능력이 발달하지 않았을까? 수학의 필수 불가결성 문제만 놓고 보자면, 이런 생물이 실제로 존재하는지 아닌지는 중요하지 않다. 그럴 가능성이 있다는 것만으로도 수학이 필수 불가결하다는 가정은 의심스러워진다.

또 다른 문제는 골대로 향하는 공의 운동을 물리법칙이 현실에서 어떻게 결정하는가 하는 것이다. 공이 올바른 경로를 선택하도록 대자연이나 누군가가 엄청나게 빠른 속도로 계산하는 것일까? 수학은 대자연에 필수 불가결할까? 그보다 훨씬 합리적인 가정은, 행성이 항성을 공전하거나 제비가 파리를 잡거나 축구 선수가 득점할 때 (진정한 의미에서의) 수학은 존재하지 않는다는 것이다. 수학은 현상을 이해하려 애쓰는 가련한 물리학자의 뇌 속에만 존재할 뿐이다.

논의를 이어가기 위해, 콰인과 퍼트넘을 따라 수학이 필수적이라고 가정해 보자. 이 말은 수학이 현실 세계에 존재한다는 뜻일까? 수학을 실제로 사용하는 이들에게 물으면 아니라고 답할 것이다. 구체적 수학 개념으로 무한을 예로 들어보자. 무한은 실재할까? 물리학에서는 종종 계산의 편의를 위해 무한을 도입한다. 이를테면 아주 깊은 호수의 수면에서 일어나는 파동을 기술할 때는 수심이 무한대라고 가정하는 것이 실용적이다. 그래도 아무 차이가 없다. 물론 현실에서 수심은 무한하지 않다. 수심이 무한하다고 가정했을 때 계산이 쉬워지는 것뿐이다. 물리학자들은 게을러서 최소한의 노력으로 결과를 이끌어 낼 수 있는 수학적 모형을 선호한다. '소가 구형이라고 가정하라'라는 고전적 우스갯소리는 지나친 단순화를 풍자한 것이다.

그러므로 유용성을 내세워 수학적 개념이 실재한다고 주장하는 것은 설득력이 부족하다. 낡은 개념이 근본적으로 새로운 또 다른 개념으로 대체될 때는 어떻게 될까? 낡은 세계가 느닷없이 사라지고 새로운 수학적 세계가 생겨나기라도 하는 것일까? 요점은 우리 인간이 무엇을 발명하든 수학적 개념은 존재하리라는 것이다.

그리고 수학에 적용되는 반론은 우리가 자연법칙이라고 부르는 것에도 적용된다.

자연법칙은 없다

물리학에서 배워야 하는 첫 번째 법칙은 자연법칙이 존재한다는 것이다. 물질은 내키는 대로 행동하지 않고, 끊임없이 감시당하며 엄격한 원리와 법칙을 따르도록 강요받는다. 과학사를 살펴보면 이와 관련된 비유와 우화를 수도 없이 찾아볼 수 있다. 신앙심이 깊지 않은 알베르트 아인슈타인조차도 양자역학에 대한 거부감을 표명할 때 "신은 주사위 놀이를 하지 않소"라고 말했다.

하지만 자연법칙은 수학과 마찬가지로 세계에 대한 우리의 기술에 속하는 것이지, 결코 우리와 독립적으로 존재하는 것이 아니다. 이는 주관적 상대주의가 아니다. 나는 물리적 세계가 객관적으로 실재한다고 전적으로 확신하며, 우주의 행동을 최대한 속속들이 흉내 내는 모형을 만드는 일이 의미 있는 작업이라고 생각한다(심지어 그것으로 밥벌이를 한다). 자연법칙이 쓸모를 가지는 것은 그런 모형 안에서다. 우주가 자연법칙이라고 불리는 것에 좌우되는 것이 아니라, 우리가 만드는 자연법칙이 우주에 의해 좌우되는 것이다.

간단한 예로 떨어지는 사과가 있다. 뉴턴 역학에서는 힘의 개념이 필수적이다. 힘 없이는 무슨 일이 일어나는지 이해하기가 힘들거나 거의 불가능하다. 중력은 더더욱 그렇다. 지구의 중력은 사과를 끌어당겨 점점 빠르게 땅에 떨어지도록 한다. 이 정도면 콰인과 퍼트넘도 중력이 실제로 존재한다고 인정할 수밖에 없었을 것이다. 오늘날에도 교량과 우주선을 건설하는 공학자들은 같은 방정식을 이용하는데, 그 이유는 간단하다. 되니까. 하지만 그렇다고 중력이나 중력과 관련된 온갖 수학이 우리와 독립적으로 우주에 존재한다는 뜻은 아니다.

역설적이게도 일반 상대성이론에서는 중력이 존재하지 않는다는 것이 거의 공리이자 확고부동한 출발점이다. 땅에 떨어지는 사과는 중력의 영향을 받는 것이 아니라, 일반 상대성이론에 부합하도록 구부러진 시공간을 따라간다. 이것이야말로 일반 상대성이론의 묘미다. 사과가 떨어지는 것은 힘이 작용하기 때문이 아니라 시공간의 곡률을 따라 느릿느릿 이동하기 때문이다. 힘은 존재하지 않는다.

뉴턴은 중력이 있다고 말하고 아인슈타인은 없다고 말한다. 아인슈타인의 이론은 뉴턴 역학이 거둔 성공을 고스란히 이어받은 채 더 정확한 예측을 내놓는다. 아인슈타인의 이론은 무엇보다 GPS로 정확한 위치를 계산하는 데 필수적이다. 미래의 물리학자들은 더욱 효과적인 이론을 발견할지도 모른다. 어떻게 그럴 수 있을까? 답은 간단하다. 법칙과 수학이 발전하고 달라질 수 있는 이유는 그것들이 우리 머릿속에 들어 있기 때문이다. 뉴턴의 머릿속에, 아인슈타인의 머릿속에, 그리고 당신의 머릿속에. 자연은 사과가 어떻게 떨어지는지 계산하기 위해 물리학과 수학을 필요로 하지 않는다. 사과는 그냥 떨어진다. 반면 무슨 일이 일어나는지에 대한 우리의 기술은 시간에 따라 발전하고 개선된다.

콰인과 퍼트넘의 논증은 수학이라는 플라톤적 세계에 대한 최상의 옹호인데도 불구하고 그다지 설득력 있어 보이지는 않는다. 수학이 우리 뇌 바깥에 우리와 독립적으로 존재한다는 주장의 근거는 빈약하다. 무한 같은 개념은 다른 개념들과 마찬가지로 우리의 유기체적 뇌에서 나타나며,

세계 안에서 움직이고 실재하는 우리의 경험과 연결되어 있다. 이것이 차라리 잘된 것인지도 모른다. 수학 동산에 뱀이 있다는 사실이 밝혀졌기 때문이다.

힐베르트의 꿈

20세기에 들어서며 독일의 수학자 다비트 힐베르트David Hilbert는 지금까지도 매우 합리적으로 보이는 목표 하나를 제시했다. 딱히 쉬운 과제는 아니었고 좀 별나기는 했지만 누군가는 맡아야 하는 문제였다. 힐베르트의 포부는 수학을 떠받치는 탄탄하고 안정적인 토대를 구축하는 것이었다. 그는 수학이 신뢰받으려면 모순이 없고 완전해야 한다고 생각했다. 강력한 컴퓨터에서 실행되는 수학 알고리즘을 기반으로 돌아가는 지금의 기술 사회에서는 힐베르트가 성취하고자 했던 목표에 쉽게 공감할 수 있다. 수학 자체가 미덥지 못하다면, 수학적 계산에 기반한 시스템에 어떻게 우리의 삶을 내맡길 수 있겠는가?

무모순성이란 어떤 수학적 진술이 참임을 증명하는 동시에 그 진술이 거짓임을 증명할 수는 없다는 개념이다. 수학에서는 무엇도 참인 동시에 거짓일 수 없다. 예외가 하나라도 있다면, 모든 것이 참인 동시에 거짓임을 증명할 수 있으며 수학 체계 전체가 뒤죽박죽이고 무의미한 기호들로 전락하게 된다. 그래서 힐베르트는 무모순성이 반드시 필요하다고 여겼지만 그것으로 만족하지 않았다. 잘 정의된 수학적 진술이 참인지 거짓인지 판단할 수 없을 가능성도 있기 때문이었다. 힐베르트에 따르면, 수학은 그런 상황을 용납하지 않으며 스스로 진리를 판단할 수 있어야 한다. 그럴 때 비로소 수학은 완전해지며 외부로부터 어떤 입력도 필요로 하지 않게 된다.

무모순성과 완전성은 모든 수학자의 궁극적인 꿈이자 욕망으로 일컬어졌다. 이를 일상 언어나 일반적 생각으로 바꾸어 표현해 보면 그 꿈이 얼마나 극단적인지 알 수 있다. 영어가 힐베르트의 의미에서 무모순적이며 완전하다고 가정해 보자. 그러면 당신이 낱말로 만드는 모든 문장은 참이거나 거짓이어야 하며, 순수한 사고력만으로 그 문장의 참과 거짓을 판단할 수 있어야 한다. 지구는 태양을 공전한다. 참일까, 거짓일까? 바흐의 음악은 아름다울까? 우리 이웃집에서는 고양이를 키울까? (에스페란토어 같은 인공언어가 아닌) 자연언어의 본질은 언어 바깥의 무언가를 가리킨다는 것이다. 태양, 바흐, 이웃집 고양이(실은 존재하지 않는다)는 언어 너머에 존재하는 것들이며 언어 자체에서는 도출할 수 없는 성질들을 가지고 있다. 힐베르트는 영어가 완전하다고 주장하지는 않았을 것이다. 그런데 왜 수학은 다르다는 것일까?

힐베르트는 수학을 순수한 형식언어로 여겼다. 증명을 찾는 것은 수학자들이 늘 하는 일인데, 힐베르트는 이런 창조적 행위가 실은 기호를 다루는 순수하고 맹목적인 작업에 불과하다고 생각했다. 말이 트랙터로 대체되었듯 힐베르트는 수학자를 퇴출시키고자 했다. 형식언어 바깥에 있는 것을 하나도 가리킬 필요가 없어지면 수학 안에는 어떤 의미도 남지 않게 될 것이다. 의미는 필요 없어지고 문법만 남는다고 말할 수도 있겠다.

러셀의 역설

수학의 형식화라는 힐베르트의 도전을 받아들인 이들 가운데는 버트런드 러셀Bertrand Russell이 있었다. 그는 앨프리드 노스 화이트헤드Alfred North Whitehead와 손잡고 궁극적 수학 규정집을 쓰기로 마음먹었다. 그것으로 수와 수학의 기초에 대한 의심을 일소할 작정이었다. 하지만 이 기획은 실패할 운명이었다. 그 둘이 주저인 『수학 원리Principia Mathematica』를 탈고하기 몇 해 전인 1901년, 러셀은 끔찍한 사실을 하나 발견했다. 수학에 근본적 오류가 있을지도 모른다는 것이었다. 그것은 힐베르트의 꿈을 위협하는 에덴동산 속 뱀이었다. 러셀을 심란하게 한 것은 언뜻 보기에는 진지하게 받아들일 필요가 없는 무의미한 말장난 같았지만 이로 인해 그의 기획은 송두리째 무너지게 되었다.

러셀의 추론을 따라가며 집합을 간단히 살펴보자. 집합은 종류가 같은 사물을 모아놓은 것이다. 그런 예는 쉽게 찾을 수 있는데, 당신이 생각할 수 있는 거의 모든 것이 집합이기 때문이다. 이를테면 부엌에 있는 모든 오렌지의 집합, 지금껏 존재한 모든 사과의 집합, 스웨덴어를 구사하는 모든 코끼리의 집합, 이름이 '버트런드'인 모든 철학자의 집합 등을 들 수 있다. 오만 가지 집합이 있으며, 그중 상당수는 아무것도 포함하지 않는 공집합이다.

집합은 정수가 무엇인지 정의할 때 무척 요긴하다. 러셀은 정수에 대해 말할 수 있는 모든 것을 '작은' 공리 집합에 담고자 했다. 이렇게 하면 정수론의 모든 정리를 엄밀하고 깔끔하게 증명할 수 있으리라고 생각했다. 그러면 모든 것은 순수하게 기계적인 절차로 바뀌며 어떤 문제도 생길 수 없게 된다. 이것이야말로 힐베르트가 바라던 바였다. 형식언어를 도입하면 아무것도 전제하지 않고서도 1 + 1 = 2를 증명할 수 있었다. 한번은 이런 증명의 귀결이 무엇인지 연구할 기회가 있었는데, 솔직히 말하자면 딱히 유익하지는 않았다.

애석하게도 러셀은 집합의 난감한 역설을 맞닥뜨렸다. 이 역설은 그를 충격에 빠뜨렸다. 요점은 집합이 자기 자신을 포함하지 않도록 할 수 없다는 것이었다. 당연하지만, 모든 사과의 집합은 자기 자신을 포함하지 않는다. 모든 사과의 집합은 사과가 아니기 때문이다. 하지만 모든 집합의 집합은 다른 문제다. 모든 집합의 집합은 당연히 집합이며, 당황스럽게도 정의상 자기 자신을 포함해야 한다. 다시 말하겠다. 모든 집합의 집합은 자기 자신을 포함한다. 이 이미지를 머릿속에 그리기는 좀 힘들지만 그것이 문제가 되지는 않는다. 추론은 그런 집합이 실재한다는 확신을 줄 만큼 간단명료하다. 이 문맥에서 '실재하다'라는 낱말의 의미가 무엇이든 상관없다. 하지만 자기 자신을 포함하지 않는 모든 집합의 집합은 어떨까? 이로써 판도라의 상자가 열리게 되었다.

러셀은 이 문제를 유명한 사고실험으로 표현했다. 이발사가 1명뿐인 도시를 상상해 보라. 시의 규정에 따르면 이 발사는 스스로 수염을 깎지 않는 모든 사람의 수염을 깎아야 하지만, 수염을 스스로 깎는 사람의 수염을 깎아서는 안 된다. 언뜻 보기에 이상한 점은 전혀 없는 듯하다. 그런데 간단한 물음 하나에 모든 것이 엉망진창이 된다. '이발사의 수염은 누가 깎는가?' 두 가지 가능성을 검토해 보자. 먼저 이발사가 자신의 수염을 깎는다고 해보자. 하지만 이는 시의 규정에 어긋난다. 이발사는 수염을 스스로 깎는 사람의 수염을 깎아서는 안 되기 때문이다. 두 번째 가능성은 이발사가 자신의 수염을 깎지 않는 것이다. 그런데 이것도 규정에 어긋난다. 이발사는 수염을 스스로 깎지 않는 모든 사람의 수염을 깎아야 하기 때문이다!

이것을 이해했다면, 비슷한 사례를 얼마든지 생각해 낼 수 있을 것이다. 과감하게 한번 시도해 보시길. 여기서 관건은 자기 지시self-reference다. 이는 중요한 진술이 몇 단계를 거친 뒤 놀랍게도 자기 자신을 가리키는 것을 말한다. 이를테면 피노키오가 '내 코가 커질 거야'라고 말하면 무슨 일이 일어날까?

도시의 유일한 이발사와 비슷한 문제들은 자기 자신을 포함하지 않는 집합과 똑같은 부류다. '수염을 깎다'를 '포함하다'로 바꾸기만 하면 된다. 이것이 시답잖은 말장난에 불과하다는 생각이 들지도 모르지만, 앞서 보았듯 집합론은 진지한 학문이다. 집합론은 수학 전체에 탄탄한 토대를 놓고자 하는 기획의 뿌리이므로 이 역설을 대수롭지 않은 것으로 치부할 수는 없다. 러셀은 탈출구를 찾으려 했으나 실패했는데, 곧 보겠지만 그럴 만한 이유가 있었다.

그건 그렇고 1970년대 초반 초등학생이었던 나는 집합론 때문에 수학에서 멀어질 뻔했다. 새로운 현대식 교수법에 따르면 '반가워, 수학!'이라는 단원에서는 집합을 활용해 수학을 가르치도록 되어 있었다. 그중 한 가지 과제가 있었는데, 종류가 다르지만 색깔이 같은 물체들로 이루어진 부분집합에 동그라미를 치는 것이었다. "빨간색 공으로 이루어진 부분집합에 표시하세요!" 나는 색맹이어서 공이 빨간색인지 초록색인지, 어느 집합에 속하는지 통 알 수가 없었다.

괴델이 꿈을 산산조각 내다

러셀이 불러낸 요정 지니는 램프에 도로 집어넣을 수 없었고, 상황은 더욱 악화되었다. 1931년, 오스트리아의 수학자 쿠르트 괴델Kurt Gödel은 한술 더 떴다. 그의 빼어난 업적은 수에 대한 모든 수학적 진술과 그에 대한 증명을 수로 변환하는 방법을 생각해 낸 것이다. 그 절차는 기이하지만, 정말이지 놀라운 일을 가능하게 했다. 수에 목소리를 부여해 자기 자신에 대해 말하게 한 것이다.

그 결과는 어마어마했다. 얼마나 어마어마했는지 감을 잡으려면 더욱 강력한 논증 방법을 동원해야 하는데, 이는 수학자 앨런 튜링Alan Turing이 괴델보다 몇 년 뒤에 발견했다. 튜링은 컴퓨터를 발명했다고 할 수 있는 인물인데, 괴델의 방법에 자신의 새로운 아이디어를 접목했다. 핵심은 컴퓨터 프로그램의 관점에서 생각하는 것이다. 튜링은 특정한 수를 자릿수별로 계산하도록 설계된 프로그램을 상상했다. 이를테면 1/7 = 0.142857142857…의 계산 결과를 원하는 만큼 출력할 수 있는 프로그램이 있다. (지금 내 책상 앞에 놓인 컴퓨터에 바로 그런 프로그램이 들어 있다.) 이 숫자 열은 반복되며 별로 흥미로울 것이 없다. 그런가 하면 π = 3.1415926…을 출력하는 프로그램도 있다. 이 숫자 열은 뚜렷한 구조가 없기에 훨씬 흥미롭다. (물론 이것도 내 컴퓨터로 계산할 수 있다.) 이처럼 각각의 수는 그 수를 얻는 데 필요한 계산을 수행하는 컴퓨터 프로그램과 짝지을 수 있다. 그렇다면 모든 수에 프로그램을 짝지을 수 있을까? 어디 한번 보자.

튜링은 상상 속에서 모든 종류의 컴퓨터 프로그램과 그 프로그램에서 출력되는 수의 목록을 적어보았다. 그랬더니 신기하게도, 매번 목록에 없는 수가 생긴다는 사실이 드러났다. 즉, 어떤 컴퓨터 프로그램으로도 생성할 수 없는 계산 불가능 수가 존재했던 것이다.

물론, 계산할 수 없는 수를 발견한 것이 다름 아닌 튜링의 컴퓨터였다니 얄궂은 일이다. 알고 보니 그런 수는 매우 흔했다. 사실 절대다수의 수는 계산 불가능하며, 1/7이나 π 같은 수가 오히려 드문 예외다. 이것이 좀 놀라울지 모르겠지만, 수학의 세계는 어떤 컴퓨터 프로그램으로도 산출할 수 없고 유의미한 구조가 전혀 없는 무의미한 수들로 가득하다. 이런 낭비가 있나! 마찬가지로 우주가 대부분 허공으로 이루어진 것을 불평해 봐야 소용없다. 우주의 심연을 떠도는 우리 지구는 무한히 많은 계산 불가능 수들로 둘러싸인 π인 셈이다.

이것이 괴델과 무슨 관련이 있을까? 튜링의 추론에는 무시무시하면서도 흥미로운 모순이 있다. 그의 논증은 컴퓨터 프로그램들과 계산 가능 수들로 이루어진 가상의 목록을 이용해 새로운 계산 불가능 수를 만들어 내는 것이었다. 하지만 이 방법은 계산 불가능 수를 실제로 계산하는 방법을 찾는 것과 같지 않을까? 어딘가 함정이 있는 것이 틀림없다.

핵심은 목록에 있는 프로그램이 어떤 수를 하나라도 뱉어낼지 알 수 있는 방법이 전혀 없다는 것이다. 프로그램이 종료될지 아닐지도 모른 채 계산은 끝없이 실행될지도 모른다. 그러므로 프로그램과 수의 목록은 결코 완전할 수 없다. 튜링의 중대한 통찰은 일반적으로 특정 컴퓨터 프로그램이 계산을 끝마칠 것인지를 결코 알 수 없으며 증명할 수도 없다는 것이다. 이는 '정지 문제halting problem'로 불리는데,

튜링은 이 문제가 해결될 수 없고 따라서 힐베르트의 꿈을 물거품으로 만든다는 사실을 증명했다.

괴델에게 돌아가자. 그의 다음 단계는 첫 번째만큼이나 기이했다. 자기 자신에 대해 말할 수 있는 형식언어를 이용해, 그는 어떤 정리가 증명될 수 없다고 말하는 정리를 만들어 낼 수 있었다. 또한 증명될 수 없는 정리가 바로 그 정리라는 것을 보일 수도 있었다! 그렇다면 그 정리는 이렇게 말하는 셈이다. '나는 증명될 수 없다!' 이는 형식주의가 힐베르트의 요건을 충족할 수 없다고 실토하는 것과 같다. 형식주의 바깥에 있는 우리는, 어떤 모순도 없으려면 이 진술이 참이어야 한다는 사실을 알아차린다. 이 진술이 거짓이라면, 이는 증명될 수 있어야 하기 때문이다. 물론 이는 참일 수 없는데, 거짓인 진술이 참임을 증명하는 것이 가능할 리가 없기 때문이다. 유일한 타개책은 참이지만 증명할 수 없는 진술이 존재해야 한다는 것이다. 그러므로 어떤 수학적 형식언어도 완전할 수 없다.

불완전한 형식언어를 보완할 수는 있지만, 그것은 수학 안에 선택의 여지가 있으며 무엇이 직관적으로 참인지가 취향의 문제임을 보여준다. 따라서 수학이 우리가 어떻게 이용하는지와 무관하게 자신의 두 발로 서는 것은 불가능하다.

외계인에게 수학 가르치기

수학의 객관적 실재를 옹호하는 흔한 논변은 수학이 보편적인 것처럼 보인다는 것이다. 하지만 다른 문화에서는 수학 자체도 다르게 발전했다. 개념들이 발견 또는 발명된 순서도 다르다. 각광받고 중요시되는 수학 분야도 달라졌다. 그럼에도 우리는 결국에 가서는 무엇이 참이고 무엇이 거짓인지에 대해 이견이 있을 수 없다고 확신한다. 모두가 이해할 수 있는 언어로 표현하기만 하면 되리라는 것이다.

하지만 우리가 외계 문명을 맞닥뜨린다면 어떨까? 그들의 수학이 우리의 것과 같으리라고 확신할 수 있을까? 문제는 소통이다. 물론 공통된 물리계에 대한 진술에는 전부 합의할 수 있겠지만, 우리가 머릿속에서 이용하는 개념은 어떨까? 다른 사고방식들 중에는 소통하고 설명하기가 힘들거나 아예 불가능한 것이 있을지도 모른다. 그럼에도 많은 이들은 수학이 동일해야 한다고 주장할 것이다. 당신이 누구든 1 + 1 = 2는 참이고, 당신이 다른 어떤 기호를 쓰더라도 원주율은 π라고.

여기서 본질적 문제는 우리가 공통의 물질적 세계를 가지고서 달성할 수 있는 것이 곧 우리의 한계라는 것이다. 우리는 여러 순서로 놓을 수 있는 돌멩이, 주기적 소리, 번득이는 빛 등을 이용해 자신의 수학 실력을 드러낼 수 있다.

우리가 무엇을 하든, 그것은 제한된 물리적 대상들을 가지고서 하는 것이다. 컴퓨터 화면에서도 달라지는 것은 없다. 겉으로 잘 드러나지 않는 패턴을 발견해 상대방의 행동을 재현할 수 있는 나름의 규칙을 만들어 내는 데 성공하면, 우리는 서로를 이해했다고 생각해도 무방할 것이다.

하지만 이것이 언제나 쉬운 일은 아니다. 사람들 앞에서 자신의 생각을 이해시키기가 얼마나 어려운지 생각해 보라. 대학교수인 나는 수학이나 물리학의 중요한 개념을 학생들에게 전달하는 데 실패하고 낱말이 떠오르지 않을 때면 종종 좌절감을 느낀다. 그럴 때 내가 할 수 있는 최선은 간절한 눈빛을 보내며 그들이 결국에는 알아듣기를 기원하는 것이다. 나에게는 이토록 명백한 것이 왜 그들에게는 그렇지 않은 걸까? 나는 개념을 정확히 표현하기만 하면 모두가 이해할 것이라고 확신한다. 물론 학생들이 자기가 무엇을 이해하지 못하는지 설명할 때 그 설명을 내가 이해하지 못하는 경우도 비일비재하다. 우리가 선생이든 학생이든, 이것이 외계인에 대해 더 쉬울 이유가 어디 있다는 말인가?

나는 여섯 살배기 아들에게 음수를 설명하려 한 적이 있다. 내 생각을 직접 전달할 수는 없는 노릇이기에 공통의 경험에 빗대어 비유를 들 작정이었다. 돈은 어린아이도 이해하는 추상적 개념이다. 우리 아들은 매주 몇 달러씩 용돈을 받아 저금했다가 가끔 장난감을 샀다. 우선 예를 하나 들었다. "네가 원하는 장난감이 15달러인데 지금 10달러밖에 없으면 5달러가 모자란 거란다." 아이는 요점을 이해했다. 장난감을 살 수 없다는 것을. "하지만 모자란 5달러를 아빠에게 빌리면 장난감을 살 수 있지." 이제 아이는 행복한 표정이다. 희망이 생겼다! "하지만 그러면 너는 아빠에게 5달러를 빚지게 돼. 그건 네가 마이너스 5달러를 가지고 있다는 말과 같아." 나는 아이가 알아들을 수 있도록 뜸을 들인다. "그러니까 10 빼기 15는 마이너스 5야." 아이가 이해했을까? 그랬을지도.

다른 이들과 공유하는 배경이나 경험이 전혀 없다면 어떻게 해야 할까? 외계인이 하는 행동을 관찰하고 그들이 전달하고자 하는 취지를 이해하려면 우리 머릿속에 모형을 만들어야 한다. 그것은 물리학을 연구할 때와 별반 다르지 않다. 우리는 물리적 현상을 연구하며 훌륭한 모형을 만들려고 애쓴다. 유일한 차이는 외계인에겐 외계인 나름의 모형이 있으리라는 것이다. 그것은 외계인이 쓰는 수학적 개념들로, 외계인의 의식에 나타난다. 외계인의 모형은 우리가 쓰는 모형과 같을까? 우리로서는 알 도리가 없다. 종교적 세계관을 가진 동시에 세계가 기본적으로 수학적이라고 믿는 이들이 보기에 외계인의 생각을 알아내려 시도하는 것은 물리학 연구를 통해 신의 생각을 밝히려는 것과 다르지 않다.

외계인alien이 얼마나 낯설지alien 상상하는 것조차 쉬운 일이 아니다. 10대 시절 나는 지역 영화 애호가 모임의 회원이었다. 시 도서관에서는 매 학기마다 이름난 걸작들을 상영했다. 작품은 번번이 난해했으며, 일반 영화관에서 상영하는 부류와는 전혀 달랐다. 모임의 어른들은 도시의 지식인들이었기에, 그 모임에 속해 있으면 특별한 사람이 된 것만 같았다. 어느 날 밤 스타니스와프 렘의 소설을 각색한 안드레이 타르콥스키의 〈솔라리스Solaris〉가 상영되었다. 이 작품은 머나먼 행성을 배경으로 한 SF 영화로, 생각을 할 수 있는 신기한 바다가 극의 전개에서 중요한 역할을 한다. 극장 안에 어둠이 내리깔리고 영화가 시작되었다. 어느 순간 우리는 미지의 세계에서 신비의 바다 위를 떠다니고 있었다. 영상은 매혹적이었으며 소리는 전혀 들리지 않았다. 시간이 좀 흐르자 몇 사람이 조금 불안한 듯 몸을 뒤척이기 시작했다. 음향에 뭔가 문제가 생긴 것일까? 그러다 영화가 다시 시작되었는데, 이번에는 음악과 함께였다. 하지만 나에게 두 번째 경험은 결코 처음만큼 압도적이지 않았다.

〈솔라리스〉의 생각하는 바다는 다른 행성의 지적 존재가 우리에게 얼마나 낯설 수 있는지 보여준다. 그나저나 외계

인과 조금이라도 소통할 수 있다면 우리는 무엇에 대해 이야기할까? 어떤 이들은 음악이 열쇠가 될 수 있다고 생각한다. 인류 문명이 사라진 먼 미래를 생각하다 우울해지면, 우리는 태양계 밖을 탐사하는 보이저호 탐사선 두 대에 온갖 종류의 문화유산이 실려 있다는 사실을 위안으로 삼을 수 있다(그중에는 요한 제바스티안 바흐의 음악도 있다). 2020년 봄 보이저 1호는 뱀주인자리 방향으로 21광시 넘게 떨어진 지점에 도달했다. 수만 년이 지나면 보이저 1호는 수 광년 떨어진 항성들 사이에 있을 것이며, 어느 날 외계 문명이 우리의 귀중한 유산을 발견할지도 모른다. 어쨌거나 우리는 그렇게 되리라고 간절히 믿고 싶어 한다.

음악 취향은 시대에 따라, 문화에 따라 달라지지만 공통된 테마도 있다. 음악에는 우리 뇌의 구조가 반영되어 있는 듯하다. 그러므로 다른 지적 존재에게 음악과 비슷한 것이 있더라도 그것은 우리의 음악과는 근본적으로 다를 것이며 우리가 그것을 이해하고 감상하기란 불가능할 것이다. 보이저호에 실린 바흐 음악의 아름다움은 듣는 귀가 없다면 잊힐 것이며 외계인들은 이 기이한 녹음을 전혀 이해하지 못할 것이다. 설령 그들이 축음기를 제대로 조립해 소리를 인지할 수 있더라도 상황은 달라지지 않는다. 음악을 이해하려면 인간의 뇌를 가져야 한다. 우주에 인간의 뇌가 하나도 남지 않게 되면, 브란덴부르크 협주곡 2번 1악장은 우리 우주에서 궁극적으로 사라질 것이며 보이저호의 골든 레코드에 부호화된 메시지는 무의미한 소음으로 전락하고 말 것이다.

요점은 인간의 수학이 우리의 생물학적 본성과 뇌 구조, 물리적 신체의 구조에 결정적으로 의존한다면 우리는 다른 존재의 수학이 어떻게 다를 수 있는지 이해할 수 없다는 것이다.

우리가 자연법칙의 형태로 세계를 모형화하려고 이용하는 수학은 세계 자체에는 존재하지 않는다. 자연법칙은 우리 뇌에 스스로를 드러내고 우리 뇌의 물리적 패턴과 일치하는데, 이 패턴은 우리가 주변 세계에서 관찰하는 현상을 반영한다. 패턴이 세계와 맞아떨어지고 일관될 때 우리는 모형이 성공적이라고 간주한다. 그렇다고 수학이 사회적 구성물이라고 생각하지는 말라. 우리가 이용하는 수학은 결코 자의적이지 않다. 하지만 수학은 저 너머의 플라톤적 이데아 세계에도, 우리와 독립적인 외부의 물리적 세계에도 존재하지 않는다. 수학은 우리의 생물학적 뇌 속에 순전히 물리적으로 존재하며 우리가 사라지면 함께 사라진다. 그런 의미에서 수학은 우리의 생물학적 본성에 의존하는 생물학적 구성물이다. 자연법칙은 우리 머릿속에 존재하며 우리는 이를 이용하여 주변 세계의 규칙성을 이해한다. 맥스 테그마크를 비롯하여 희망에 부푼 플라톤주의자들이 직시하고 싶어 하지 않는 것은 수학적 우주라는 그들의 모든 꿈이 실제로는 생각하는 뇌의 작은 회색 덩어리에서 만들어진다는 점이다. 수학은 생물학적 존재가 자신의 수수께끼 같은 존재를 더 잘 이해하는 데 유익한 일시적 과정의 형태로만 존재한다. 우리가 수학에서 발견하는 아름다운 진리에서 어떤 이들은 초자연적 존재를 느끼기도 하지만, 그것은 우리 자신의 한계가 낳은 효과에 지나지 않는다. 우리보다 훨씬 큰 뇌를 가진 지성체에게는 가장 심오한 수학적 정리조차도 주판으로 1 + 1 = 2를 놓는 것만큼 시시해 보일 것이다.

IV.

모형은 실재와 같지 않다

THE WORLD ITSELF

세계는 큽니다. 매우 큽니다. 제 머리는 작습니다. 매우 작습니다. 세계를 제 머릿속에 넣는 것은 불가능합니다. 그럼에도 우리는 자신의 몸속에 모종의 표상을 만들려고 애씁니다.

—자크 뒤보세(노벨 화학상 수상자), 2017년 노벨상 기념 만찬 연설

1988년 노벨상 수상 강연에서 입자물리학자 리언 레더먼Leon Lederman은 실험물리학자와 이론물리학자가 등산한 이야기를 들려주었다. 두 사람이 길을 잃었는데, 이론물리학자가 배낭에서 지도를 꺼낸다. 지도를 유심히 살피더니 고개를 들어 먼 정상을 가리키며 의기양양하게 외친다. "우리는 저기에 있어!"

모형을 세계 자체로 혼동하는 잘못이 이 정도로 어처구니없지는 않을 것이다. 그럼에도 새로운 물리학에 대한 이해의 진보를 가로막는 것은 그런 잘못일 때가 많으며, 그런 잘못을 바로잡았을 때 대단한 발견의 길이 열린다. 물리학에서의 혁신은 종종 누군가가 모형과 실재의 관계에 의문을 품을 때 일어난다. 그러려면 모형의 어떤 측면이 실재와 일치하지 않고 우리를 현혹해 동화에 불과한 것을 믿게 만드는지 가려내야 한다. 세계에 대한 이해를 발전시키려면, 새로운 현상을 발견하는 것을 넘어 결코 실재하지 않는 허깨비를 몰아내야 한다. 프톨레마이오스의 주전원은 요하네스 케플러가 끝장냈고, 플로지스톤은 앙투안 라부아지에에 의해 산소로 대체되었으며, 에테르는 알베르트 아인슈타인이 상대성이론을 정립했을 때 일소되었다. 뉴턴이 도입한 절대 시간은 알고 보니 현실 세계에서 대응물을 찾을 수 없는 부실한 수학적 구성물이었다. 아인슈타인은 상대성이론으로 시간과 공간을 시공간이라는 하나의 단위로 통합했다. 상대성이론에서는 시간이 절대적이지 않고 관찰자의 운동에 의해 결정된다.

모형을 만드는 일은 과학의 전유물이 아니다. 일상생활에서도 우리는 끊임없이 이런저런 모형을 활용한다. 어떤 것은 잠재의식적이며 우리의 뇌와 신경계에 어느 정도 내장되어 있다. 우리가 걷거나 달리거나 심지어 물을 마시려고 컵을 들어 올릴 때 물체의 움직임에 대한 내적 표상이 암묵적으로 조작되며, 그 결과는 우리가 바라는 바를 얻기 위해 근육을 어떻게 긴장시키거나 이완시킬 것인지에 대한 결정으로 변환된다. 축구를 하거나 돌멩이를 특정한 목표

물을 향해 던지려면 더욱 정교한 탄도 궤적 모형을 동원해야 한다.

사람만 모형을 만드는 것이 아니다. 꽃에 앉으려는 나비든, 흙 속의 양분을 찾는 뿌리든, 모든 생명은 살아가기 위해 저마다 환경에 대한 모형을 만든다. 그것이 본능에 의한 것인지 의식적 결정에 의한 것인지는 중요하지 않다. 어쨌거나 모형은 모형이니까. 이런 식으로 적응과 생존을 위해 주변 세계의 중요한 현상을 표상하는 모형을 만드는 것은 살아 있는 유기체가 종사하는 작업일 뿐이다. 과학적 모형의 구축은 형식적 수학 체계들이 자연의 현실 세계를 반영하도록 함으로써 한 걸음 더 나아간다. 원인과 결과는 수학적 관계로 부호화되며, 그럼으로써 자연법칙으로 승격된다. 태양, 달, 행성 같은 천체가 어떻게 움직이는지에 대한 초기의 관찰들과 이로부터 발견된 규칙성은 수학적 모형의 구축이 성공적 방안일 수 있음을 보여주었다.

정말로 예측을 할 수 있으려면 자연법칙뿐 아니라 우리가 기술하고자 하는 계가 임의의 순간(이를테면 바로 지금)에 어떤 모습인지도 알아야 한다. 이 초기 조건은 수학적 언어로 번역되며 수학적 법칙에 입력된다. 계산은 입력을 출력으로 변환하며, 우리는 그 출력을 해석하여 무슨 일이 일어날지 예측한다. 측정 결과가 예측과 일치하면 더할 나위 없다.

한마디로 이것이 뉴턴의 시대 이래로 우리가 과학을 생각한 방식이다. 어떤 의미에서는 이것이 과학의 전부다.

실재란 무엇인가?

나는 실재론자다. 세계가 나의 존재와 독립적으로 존재하며 내가 밝혀내고자 하는 진리가 세계에 존재한다고 진심으로 믿는다. 내가 이미 알고 있다고 생각하는 것 가운데 일부는 옳다고 확신한다. 다른 것들은 (어느 것인지는 확실히 모르겠지만) 틀린 것으로 드러날 것이다. 그렇다고 노심초사하지는 않는다. 나는 과학자이니까. 나는 틀리는 것에 익숙하다. 솔직히 말하자면 내가 교수로 생활하면서 내놓은 아이디어의 대부분, 특히 가장 흥미로운 것들은 쓸모없는 것으로 드러났다. 진리를 찾아가는 길은 함정으로 가득하다.

실재론에는 여러 종류가 있다. 과학자들에게 특히 인기 있는 것은 우리의 의식 바깥에 우리의 생각과 선입견으로부터 완전히 독립된 세계가 존재한다는 주장이다. 세계가 실제로 존재하는 방식은 단 한 가지뿐이다. 이것이 많은 과학자들이 천명하는 믿음이다. 그렇다면 이것이야말로 실재론의 진짜 의미 아닐까? 대안이 있을 수 있을까? 실은 대안이 있다. 그래서 이런 종류의 실재론은 '형이상학적 실재론

metaphysical realism'이라는 별도의 이름으로 불린다. 하지만 이 입장을 대수롭지 않은 것으로 치부할 수는 없다. 이 입장은 우리의 직관에 반하며, 우리가 일상적 현실을 바라보고 관계 맺는 방식과도 어긋나지만 우리에게 지대한 영향을 미쳤다.

세계가 실제로 존재하는 방식이 하나뿐이라면, 그 세계의 형태는 (물리학의 주장에 따르면) 세계를 구성하는 기본 입자들의 덩어리일 수밖에 없다. 형이상학적 실재론은 실재를 바라보는 대안적 관점을 결코 허용하지 않는다. 모든 것을 아우르는 기초 물리학의 기술은 예외적으로 예외를 허락하지 않는다. 우리 주변에서 보이는 모든 거시적 물체는 알고 보면 임의적 구성물에 불과하다. 내가 지금 앉아 있는 의자와 당신이 지금 앉아 있는 의자(지금 앉아 있다면), 내가 『세계 그 자체』를 쓰고 있는 컴퓨터와 당신이 손에 들고 있는 책, 내 몸과 당신의 몸도 마찬가지다. 형이상학적 실재론에 따르면 이 가운데 무엇 하나도 실재하지 않는다. 우리는 우리가 이 세계에서 살아간다고 생각하지만 이 세계는 우리가 만들어 낸 환각일 뿐이다. 우리가 마침내 실재의 참된 성격을 밝혀내고 지금부터 관계 맺어야 하는 유일한 대상을 찾아낸 것은 오로지 물리학의 최신 성과들 덕분이다.

철학자 힐러리 퍼트넘은 이런 관점을 순전히 미친 소리로 치부했다. 어쨌거나 형이상학적 실재론은 자신이 물리학을 이해한다고 생각하는 많은 이들이 당신에게 설득하고 싶어 하는 것이다. 솔직히 말하면, 나도 같은 얘기를 들려주려고 여러 번 시도했지만 결국 마음을 바꾸었다.

형이상학적 실재론을 인정하고 싶어 하지 않는 이들은 실재론을 뭉뚱그려 부정하고 객관적 실재가 전혀 존재하지 않는다고 주장하려는 유혹에 빠질 수 있다. 당신이 속한 문화, 당신이 자라온 문화에 의해 좌우되는 임의적 구성물에 불과하다는 것이다. 이런 종류의 실재론은 '태도 상대주의attitude relativism'라고 부른다. 상대주의자가 보기에는 기초 물리학도 같은 규칙을 따라야 하므로 특권적 지위를 누릴 수 없다. 물론 상대주의에는 나름의 위험이 있다. 형이상학적 실재론자는 자신이 고작 입자 덩어리에 지나지 않는다는 생각에 우울해질 수 있는 반면, 순혈 상대주의자는 (만일 그런 사람이 있다면) 더욱 위태로운 상황에 처할 수 있다. 자신이 한낱 사회구조로 치부하는 낭떠러지에서 떨어지거나 차에 치일 수 있으니 말이다.

형이상학적 실재론이든 사회 구성주의든 세계를 이해하기에는 썩 좋은 방법 같아 보이지 않는다. 객관적 세계를 인정하면서도 그 세계에 대한 주관적 표상을 만들어 낼 가능성을 인정하는 철학적 모형은 없을까? 그런 것이 있다. 퍼트넘은 그런 모형에 '내재적 실재론internal realism'이라는 이름을 붙였다. 내재적 실재론의 요점은 있는 그대로의 객관적 세계를 받아들이면서도 그 세계를 이해 가능한 것으로 만드는 방법이 하나가 아니라고 주장하는 것이다. 퍼트넘은 세 종류의 물체들로만 이루어진 세계를 예로 들었는데, 여기에 살을 붙여보자. 이해를 돕기 위해 세 물체를 사과, 오렌지, 바나나라고 하겠다. 이것들이 우리가 쓸 수 있는 유일한 구성 요소다. 이 세계가 세 종류의 물체들로만 이루어진다는 것은 필수 불가결한 사실로 보인다. 과연 그럴까? 이것만이 이 작은 세계를 정의하는 방법일까? 반드시 그렇지는 않다. 우리는 과일을 둘씩 셋씩 짝지어 또 다른 구성 요소로 간주할 수 있다. 이 논리에 따르면 우리에게는 일곱 가지 구성 요소가 생기는 셈이다. 이제 사과, 오렌지, 바나나 말고도 사과-오렌지, 사과-바나나, 오렌지-바나나, 사과-오렌지-바나나가 생겼다. 세계에서 일어나는 모든 것은 이 체계로 표현되고 이해될 수 있다. 그렇다면 구성 요소는 3개일까, 7개일까? 그것은 당신에게 달렸다. 하지만 당신이 한 체계를 선택하고 고수하면, 그 안에는 세계에 대해 객관적으로 참인 진술들이 존재하게 된다.

우리가 현실 세계를 파악하려 할 때도 비슷한 일이 일어난다. 세계 자체는 원자와 진공 같은 물리학적 구성 요소의 관점에서 이해할 수도 있고, 의자, 책, 사람 같은 일상적 사물의 관점에서 이해할 수도 있다. 근본적 의미에서는 동일한 세계이지만(우리는 실재론을 부정하지 않는다), 내재적으로, 즉 의식 안에서 우리는 세계를 저마다 다른 방식으로 생각할 수 있다. 이것은 분명 근사한 일이다.

그런데 이 중에서 더 나은 방식이 있을까? 당연하겠지만, 그것은 당신이 누구인지, 어디에 있는지, 어떤 목적을 가졌는지에 달려 있다. 각양각색의 사람들이 세계를 개념화하는 저마다의 방식에는 확실히 차이가 있다. 당신이 물리학 수업을 듣는다면 세계를 바라보는 새로운, 어쩌면 낯선 방식을 만나게 될 것이다. 당신은 작고 보이지 않는 입자들이 물질의 가장 안쪽에서 작용하고 있음을 알게 되며, 밤하늘을 올려다보면서 반짝이는 빛의 점들 이상의 무언가를 보게 된다. 어린 시절의 나처럼 물리학과 과학에 푹 빠졌다면 다른 분야에서 (아무리 학식이 높더라도) 세계를 모두 이런 식으로 보지는 않는다는 점에 놀랄 것이다. 이런 차이가 있기는 하지만 우리 인간에게는 여전히 많은 공통점이 있다. 우리가 실재를 표상하는 여러 모형들은 유전적으로 대물림되어 우리의 뇌와 몸에 깊이 뿌리 내리고 있거나 일상생활의 경험을 바탕으로 구성되며, 똑같지는 않더라도 여러 면에서 비슷하다. 그렇지 않았다면 우리는 서로 소통할 수 없었을 것이며 진화는 대실패로 끝났을 것이다.

내재적 실재론의 이점은 실재하는 세계와 그 세계에 대한 기술을 구분한다는 것이다. 과학의 목표는 세계 자체에 대한 유용한 예측을 내릴 수 있는 효율적이고 신뢰할 만한 모형을 내놓는 것이다. 각각의 과학적 모형은 잠정적이며, (정량적 예측뿐 아니라 개념적 실증 면에서도) 언제나 개선의 여지가 있다. 앞서 보았듯 뉴턴 역학에서 일반 상대성이론으로의 전환이 그 예다. 뉴턴은 사과의 낙하와 달의 공전이 중력에 의한 것임을 간파했다. 아인슈타인은 중력의 존재를 깡그리 부정하고 모든 것이 휘어진 시공간의 결과라고 주장하여 뉴턴 역학을 송두리째 뒤엎었다. 이런 종류의 개념적 혁명을 고려하면 과학의 발전은 그때까지 쌓아 올린 모든 것을 무너뜨리고 처음부터 새로 시작하는 과정처럼 보인다. 적어도 당신이 형이상학적 실재론자라면 그렇다. 틀릴 때마다 출발점으로 되돌아가라. 거듭거듭 그렇게 하라. 뉴턴은 틀린 것으로 드러났고 아인슈타인이 그의 자리를 차지했다. 말하자면 과학은 결코 믿을 것이 못 된다. 하지만 내재적 실재론자의 생각은 달라서, 과학이 정확히 제대로 작동한다고 말한다.

이 단계에서 '존재론ontology'과 '인식론epistemology'이라는 용어를 알아두면 요긴할 것이다. 거칠게 말해 존재론은 실제로 존재하는 것을 탐구한다. 칸트를 인용하자면 존재론의 대상은 '물자체'다. 반면 인식론은 우리가 실제로 알 수 있는 것을 탐구하는 훨씬 현실적인 분야로, 과학의 실제 모습과도 가깝다. 측정할 수 있는 것에 대한 주장은 검증할 수 있지만, 막후에서 무슨 일이 벌어지는지는 누구도 결코 알지 못할 것이다.

과학적 관점에서 보면, '존재론은 무의미하며 측정할 수 있는 것에 대해서만 관심을 두어야 한다'고 주장하려는 유혹에 빠질 수 있다. 그렇게 간단하다면 얼마나 좋을까. 우리가 세계에 대해 생각할 때, 우리의 경험과 창의력을 활용해 이해를 발전시킬 때 우리가 알고자 하는 독립적 실재에 대한 관념을 머릿속 어딘가에 품지 않기란 불가능하다. 철저한 상대주의에 빠지고 싶은 것이 아니라면 실재에 대한 관념을 가지지 못하는 것은 만족스럽지 않을 것이다. 내재적 실재론의 요점은 있는 그대로의 현실 세계, 즉 모든 것이 존재론의 대상인 세계 자체가 존재함을 받아들이는 것이며 과학자로서, 인간으로서, 여느 생물로서 우리가 하는 일은 우리가 직접 접근할 수 있는 대상, 말하자면 세계의 모형과 씨름하는 것이다. 우리는 세계를 우리의 작은 머릿속에 넣을 수는 없지만 최대한 훌륭하게 표상하고자 노력할 수는 있다.

실재 모형

모형과 세계 자체는 심대한 차이가 있지만 현실에서는 그 둘을 구분하는 것이 쉽지 않을 때가 많다. 물리학자들이 실재에 대한 모형을 논의하는 방식은 종종 혼란스럽고 오해를 일으킨다. 실험으로 입증되지 않았고 의미 없는 매개적 도구에 불과한 수학적 구성물이 성공적 이론에서 형식 체계 역할을 한다는 이유로 그 구성물을 실재로 착각하는 것이다. 이 점에서 많은 물리학자들의 세계관은 매우 어수룩하다.

이따금 모형이 실험과 관찰로 탄탄하게 뒷받침되면, 전면적 도약을 단행해 수학적 대상들을 실제로 존재하는 것과 동일시할 수 있다는 주장이 정당화되기도 한다. 그 예는 입자물리학에서 찾을 수 있다. 쿼크라는 개념은 1960년대 미국의 물리학자이자 노벨상 수상자인 머리 겔만Murray Gell-Mann과 러시아계 미국인 물리학자인 조지 즈와이그George Zweig가 각각 제시했는데, 양성자, 중성자, 전자 같은 친숙한 입자들 이외에 새로운 입자들이 발견되는 어수선한 상황에서도 그나마 눈에 띄는 패턴을 간편하게 기술하려는 취지였다. 쿼크는 놀랍도록 근사하게 작동했고 여기에 쓰인 수학의 힘은 누구도 부정할 수 없었다. 그럼에도 다른 입자들보다 더 기본적인 구성 요소들이 있다고 상상하는 것은 당시 그다지 현대적으로 간주되지 않았다. 적잖이 고대 그리스를 연상시키며 구닥다리처럼 여겨진 것이다. 우리는 그보다 더 성숙한 단계에 도달한 것 아니었나? 많은 물리학자들은 훨씬 정교하고 민주적인 것을 기대했다. 실험에서 발견되는 모든 입자가 어떤 식으로든 서로가 서로를 구성할 것이라고 추측한 것이다. 그들은 아름다운 생각을 길러냈으나 그 생각은 틀린 것으로 드러났다. 결국 시간이 좀 지나자 쿼크는 온전히 받아들여졌다. 물론 당신은 쿼크가 계산할 때만 존재할 뿐, 실제로는 존재하지 않는다고 너스레를 떨 수도 있다. 그러나 비판적인 이들조차도 결국 굴복하며 쿼크 같은 냄새가 나고 쿼크 같은 맛이 나고 쿼크같이 생긴 것이 어쩌면 쿼크인지도 모르겠다고 마지못해 동의했다. 후속 실험들이 실행된 뒤에는 쿼크를 물질의 객관적 성분으로 받아들이지 않기가 불가능해졌다. 이제는 모든 물리학자가 쿼크를 비롯해 입자물리학의 표준 모형에 속하는 모든 입자를 받아들인다. 여기에는 개념적으로 크게 우려할 만한 문제가 전혀 없으며, 이 책을 쓰는 지금까지도 모형과 실재는 오차 범위 안에서 부합하는 것으로 보인다.

훨씬 오래된 또 다른 예는 천동설과 지동설을 놓고 가톨릭교회와 천문학자들이 벌인 논쟁이다. 두 개념은 수천 년간 통용되었지만, 폴란드의 천문학자 니콜라우스 코페르니

쿠스는 태양계의 중심에 태양이 있다고 생각하는 것이 최선이라고 선언했다. 교회는 결코 기뻐할 수 없었지만 지동설이 훨씬 단순하다는 사실을 외면할 수도 없었다. 태양을 중심에 놓으면 많은 계산이 실제로 부쩍 수월해졌다. 교회는 단순히 계산의 편의를 위해 코페르니쿠스의 방식을 따르는 것까지 문제 삼지는 않았지만 실제로 움직이는 것이 지구가 아니라 태양이라는 주장만은 굽히지 않았다. 하지만 물리학자들이 쿼크의 존재를 마지못해 받아들여야 했던 것과 마찬가지로 교회는 결국 잘못을 인정하고 지동설을 받아들여야 했다. 1992년 교황 요한 바오로 2세는 교회의 과거 입장을 공식적으로 철회했다.

1960년대의 물리학자와 16세기의 성직자들은 분명 세계가 어떻게 구성되었는지에 관심을 가지고 있었다. 이는 세계를 어떻게 기술할 것인가 하는 문제에 국한된 것이 아니었다. 기저에 깔린 존재론은 영감의 원천이 되어주며 과학의 행위를 단순한 기호 놀이 이상의 것으로 만들어 준다. 비록 특정 단계에서는 서로 다른 존재론들이 동일한 실험 결과를 예측하고 과학 자체가 불가지론적 입장을 취할 수 있지만, 연구자 개인은 자신이 믿는 것이 실제로도 참이기를 바란다.

우리가 존재론을 어떻게 선택하는지에 따라 과학은 다르

게 발전할 수도 있다. 물론 상황에 따라서는 모형의 특정 요소들을 어떻게 바라보는지가 우리가 내놓는 예측에 그다지 중요하게 작용하지 않기도 한다. 그럴 때는 모형이 실재와 부합하는가 하는 물음에 대해 계산이 같은 결과를 내놓으며, 우리가 검증할 수 있는 예측도 동일하다. 하지만 앞의 사례에서 보았듯 늘 그런 것은 아니다. 문제의 존재론들을 자세히 들여다보면, 그것들의 예측이 종종 다른 것으로 드러나기 때문이다. 실재를 바라보는 어떤 방식은 막다른 골목에 부딪히지만 다른 방식은 새로운 발견으로 이어진다.

뢰벤하임-스콜렘 정리

우리가 스스로를 아무리 똑똑하다고 여길지라도 나비의 작은 뇌나 우리의 과학 이론에 들어맞는 세계 모형을 세계 자체와 동일시할 수는 없다. 모형과 실재 사이에는 결코 무시할 수 없는 차이가 있지만, 과학이 인간 관찰자와 동떨어진 외부 세계를 다루는 동안에는 이 사실을 살짝 외면해도 무방하다. 당신이 물리학자라면, 물리학이 실제로 무엇을 다루는지에 대해 다소 어수룩한 관점을 가지고 있을지도 모르겠다. 끈이론과 우주론 같은 분야를 전공한 이론물리학자들이 존재의 토대를 설명하는 데 적임자라는 생각은 흔한 오해다. 분석철학처럼 잔뼈 굵은 분야로부터 도움을 받더라도 언제나 올바른 목적지에 도달하는 것은 아니다. 뒤에서 보겠지만 분석철학자들도 똑같은 어수룩한 실수에 취약하다.

실재와 모형의 중요한 차이를 분명히 하기 위해 물리학에서 어떤 시도들이 있었는지 한번 살펴보자. 한편에서는 우리와 독립적인 객관적 세계가 있다고 주장하는데, 그에 따르면 이 세계를 가장 적절히 기술하는 것은 여러 '집합론적 구성set-theoretical construction'이다. 이는 세계가 여러 가지 사물로 이루어졌음을 그럴듯하게 말하는 것에 불과하다. 이를테면 사과, 오렌지, 바나나, 그리고 과일 샐러드도 넣을 수 있겠다. 다른 한편에는 수학적 기호들의 연쇄로 이루어진 수학적, 논리학적 공리들의 형태를 띠는 과학 이론들이 있다. 의미는 기호가 현실 세계와 연결되어 특정한 방식으로 해석될 때 생겨난다고 간주된다. 이들의 주장은 세계를 표상으로부터 떨어뜨려 놓는 것이야말로 우리에게 필요한 전부라는 것이다.

애석하게도 문제는 그렇게 간단하지 않다. 물리학의 역사를 들여다보면, 우리가 실제로 다루어야 하는 것이 무엇인지 보여주는 여러 사례가 있다. 프랑스의 물리학자이자 과학철학자 피에르 뒤엠Pierre Duhem에 따르면, 우리는 과학적 가설을 결코 개별적으로 검증할 수 없으며 다른 가설들과 함께 검증할 수밖에 없다. 어떤 가설의 예측이 틀린 것으로 드러났을 때 우리는 가설 자체가 틀렸는지 우리가 전제한 다른 가정들에 오류가 있는지 알지 못한다. 새로운 태양계 행성의 발견이 좋은 예다. 1783년 영국의 천문학자 윌리엄 허셜은 우연히 천왕성을 발견했는데, 이는 선사시대 이후 발견된 최초의 행성이었다. 천문학자들은 천왕성의 운동을 꼼꼼하게 연구하며, 뉴턴 역학을 이용해 궤도를 기술하고자 했다. 그런데 이상하게도 아귀가 들어맞지 않았다. 천왕성은 중력 법칙에 어긋나는 것처럼 보였으며 측정된 위치는 번번이 예측을 벗어났다. 이유가 무엇일까? 프랑스의 천문학자 위르뱅 르베리에Urbain Le Verrier와 영국의 천문학자 존 카우치 애덤스John Couch Adams는 뉴턴의 법칙이 실제로 적용된다는 가정하에 새로운 행성의 존재를 예측했다. 1846년 독일의 천문학자 요한 고트프리트 갈레Johann Gottfried Galle는 천왕성 궤도의 편차를 설명할 수 있는 바로 그 위치에서 해왕성을 발견했다. 마찬가지로 수성도 특이한 행동을 보였는데, 이에 주목한 르베리에는 또 다른 새 행성 벌컨이 태양 근처에 있다고 주장했다. 하지만 이번에는 결과가 달랐다. 어떤 행성도 발견되지 않았으며, 잘못은 뉴턴에게 있는 것으로 드러났다. 1915년 아인슈타인은 자신의 새 이론인 일반 상대성이론을 완성하고 나서 수성이 정확한 궤도로 움직이고 있으며 벌컨 행성이 전혀 필요하지 않음을 입증했다.

신기하게도 해왕성 또한 올바르게 움직이지 않는 것처럼 보였고, 퍼시벌 로웰Percival Lowell을 비롯한 이들은 태양으로부터 멀리 떨어진 곳에 큰 행성이 있을 것이라고 예측했다. 놀랍게도 역사는 다시 한번 반복되어, 1930년 클라이드 톰보Clyde Tombaugh는 이들이 예측한 바로 그 위치에서 천체를 발견했다. 그런데 새로운 행성인 명왕성은 알고 보니 조금 실망스러웠다. 너무 작았기에(지금은 '왜행성'이라고 부른다), 해왕성 궤도에 측정 가능한 영향을 전혀 미칠 수 없었던 것이다. 명왕성이 딱 그 자리에 있었던 것은 우연이었다. 정밀하게 측정했더니 해왕성 궤도에 설명할 수 없는 변칙은 없는 것으로 드러났다.

이렇듯 우리는 세 행성의 특이한 운동이 세 가지 전혀 다른 이유 때문이라고 말할 수 있다. 과학은 서로 연결된 가설들과 개념들의 그물망 안에서 움직이는 부분들로 가득하다. 이런 탓에 모든 것을 동시에 시험해야 하는데, 이는 강점이자 약점이다. 이 결론은 과학에서 자연스러울 뿐 아니라 분석철학자 윌러드 콰인에 따르면 언어 일반에도 적용된다.

모형과 실재의 관계를 올바르게 파악하는 관건은 뢰벤하임-스콜렘 정리Löwenheim-Skolem theorem다. 1915년 독일의 수학자 레오폴트 뢰벤하임Leopold Löwenheim이 처음 증명했으며 5년 뒤 노르웨이의 수학자 토랄프 스콜렘Thoralf Skolem이 가다듬은 이 정리는 매우 전문적이지만 우리의 추론에 지대한 영향을 미친다. 이 정리의 기본 주장은 실재와 모형을 다루는 손쉬운 방법은 없다는 것이다. 당신이 기술하려는 것이 무엇이든 그것은 당신의 의도와 무관하게 언제나 정수와 짝지을 수 있다. 이렇게 말할 수도 있겠다. **말할 수 있는 모든 것은 셀 수도 있다.** 우주론에 대해서든 창밖 풍경에 대해서든, 정치관에 대해서든, 자식 사랑에 대해서든, 당신이 아는 것을 기술하고자 할 때마다 당신의 언어를 모르는 이들은 그것을 정수에 대한 진술로 오해할 수도 있다는 것이다. 무척 실망스러운 일이다. 규칙, 문법, 기호를 가진 언어는 그 자체로는 완전히 무의미하다. 언어를 외부 세계와 연결하는 법을 아무도 당신에게 가르쳐주지 않는다면 당신이 할 수 있는 일은 언어의 논리적 구조를 파악하는 것뿐이다. 모든 것은 의도된 메시지가 실제로 무엇인지에 대해 누구도 알려주지 않는 순수하고도 다소 따분한 수학으로 전락한다.

스콜렘은 증명을 마치고 약 2년 뒤에 또 다른 결론을 얻었다. **셀 수 없는 것에 대해서는 말할 수도 없다.** 이 진술은 '스콜렘의 역설Skolem's paradox'이라는 이름으로 불린다. 이것이 역설적으로 보이는 이유는 셀 수 없으면서도 말할 수 있는 것이 적지 않기 때문이다. 수학에서는 이른바 '셀 수 없는 무한nonenumerable infinity'에 대한 이야기가 인기다. 독일의 수학자 게오르크 칸토어Georg Cantor는 바로 이런 무한들을 구상하고 분류했다. 이렇게 분류된 무한들 가운데 어떤 무한은 다른 무한보다 크다. 정수의 개수는 무한하지만 1, 2, 3, …으로 셀 수 있다. 아무리 오래 세도 끝은 없겠지만, 빼먹는 수는 하나도 없다. 하지만 실수는 다르다. 실수는 셀 수 없다. 0과 1 사이의 모든 실수로 이루어진 무한히 긴 목록을 만들고 그 수들에 1, 2, 3에서 시작해 무한에 이르는 수를 부여하면 언제나 빼먹는 수가 생긴다. 언제나 수가 부여되지 않은 새로운 실수가 목록에 나타나기 때문이다. 칸토어는, 그리고 우리는 어떻게 뢰벤하임과 스콜렘이 불가능하다고 주장한 수에 대해 이야기하고 그 특징들을 설명할 수 있었을까? 칸토어는 실제로 넋이 나갔다. 수학자들은 대체로 이 문제로 골머리를 썩이지 않고 다른 종류의 무한들에 대해 이야기하는 것에 만족하는 듯하다. 우리 같은 사람들과 마찬가지로, 수학자들 역시 문법과 기호에 대해서만 관심을 가지는 것이 아니라 언어에 의미를 담는다. 수학자들은 결코 당신이 생각하는 그런 외골수가 아니다.

언어학자들에게 이것은 심각한 타격이었다. 힐러리 퍼트넘은 한발 더 나아가 이 정리를 이용해 언어가 자신의 해석을 스스로 결정할 수 없음을 밝혀냈다. 수학뿐 아니라 언어와 생각 일반도 마찬가지였던 것이다. 고립된 언어는 단어가 아무리 많고 문법구조가 아무리 정교하더라도 전적으로 무의미하다. 내가 지금 앉아서 컴퓨터로 쓰고 있는 글, 내가 가족에게 외치는 말은 외따로는 아무 의미도 없다. 모든 것은 정수에 대한 무미건조한 진술로 쉽게 바꿀 수 있다. 퍼트넘에 따르면 단지 말하는 것만으로는 세계를 유의미하게 포착할 방법이 없다. 우리의 우주에는 정수로 포착할 수 있는 것보다 훨씬 많은 것들이 담겨 있다. 설령 우리의 우주가 수학에 대응하더라도 그것이 다름 아닌 실수의 형태라면 공리의 도움을 받아 우주를 포착하는 것은 불가능할 것이다. 우리가 무엇을 언어로 표현하든 그것은 (실수가 아니라) 정수로 구현되기 때문이다.

퍼트넘은 단어와 진술을 세계의 조건과 연결하는 유일무이한 방법은 없다고 주장했다. 그에 따르면 어떤 분석적 주장도 존재할 수 없다. 그 자체로 자명한 것은 아무것도 없다. '모든 총각은 미혼이다' 같은 고전적 예문조차도 다른 무언가를 가리키지 않고는 논할 수 없다. 뢰벤하임-스콜렘 정리에서 강조하는 사실은 '총각'과 '미혼'의 진짜 의미를 알고 싶다면 언어에 대해, 언어와 세계의 관계에 대해 많은 것을 알아야 한다는 것이다. 그러지 않고서야 총각이 미혼이라고 어떻게 확신할 수 있겠는가? 그렇다면 고립된 진리들 가운데 우리가 전적으로 기댈 수 있는 것은 하나도 없다. 더 심란한 사실은 비슷한 추론을 대입하면 과학 자체가 불가능해진다는 것이다. 우리가 제시하는 모든 이론이 실재를 아무리 훌륭히 재현하는 것처럼 보이더라도 그 이론은 언제든 실패할 수 있고 다른 것으로 대체되어야 할지도 모르는 잠정적 구성물에 불과하다. 과학에서의 패러다임 전환은 느닷없이 기혼 총각을 발견하는 것에 비유할 수 있다. 이 결론은 참담하고 실망스럽다. 확고한 지식이란 없으며 모든 것은 상대적이다. 맙소사.

탈출구가 있을까? 물론이다. 하지만 우선 퍼트넘-뢰벤하임-스콜렘이 인간의 언어에 대한 또 다른 통념들을 어떻게 유린하는지 살펴보자.

체화된 언어

기이하게도, 모든 것이 수학이라는 관념은 온갖 탈을 쓰고서 수천 년간 인기를 누렸다. 하지만 실제로는 종교적 믿음에 기초한 전적으로 비합리적인 생각이다. 지금까지 보았듯 언어와 실재의 관계는 전혀 자명하지 않고 수학의 도움으로 과학적 모형을 만드는 경우에도 똑같은 난점이 작용하므로, 수학을 우리와 독립적인 실재로 여기는 것은 터무니없는 짓이다. 물론 세계가 수학일 수 없음을 보일 수 있는 방법이 다름 아닌 수학적 추론이라는 것은 좀 아이러니하다. 나중에 다시 언급하겠지만, 이보다 더 직접적인 결론은 순수한 형식언어의 구현에 불과한 컴퓨터가 그 자체로는 의미를 담을 수 없고 의식을 가질 수도 없다는 것이다. 한 가지 큰 문제는 관념들이 물리적 기반 없이 자유롭게 떠다닌다는 통념이다. 뢰벤하임-스콜렘 정리에서 도출되는 불온한 상대주의를 길들이는 방법은 모든 관념을 우리의 몸과 뇌에 기반해 정의하는 것뿐이다. 수학적 관념들로 이루어진 고차원적이고 독립적인 세계와 신비로운 관계를 맺은 추상적이고 형식적인 기호들은 뇌 조직에서 (이 문제만 놓고 보자면 그 어디에서도) 찾을 수 없다. 존재하는 것은 우리 몸 안팎에 있는 순수하게 물리적인 현상들 사이의 대응뿐이다.

재미있게도, 언어학에서도 비슷한 사례를 찾을 수 있다. 물론 언어학자들의 관심사는 우주나 생명의 기원을 이해하는 것이라기보다는 무엇이 언어를 정의하는지, 우리가 어떻게 언어를 습득하는지, 언어의 기원까지 어떻게 거슬러 올라갈 수 있는지 알아내는 것이다. 우리 시대의 가장 위대한 언어학자 중 하나인 노엄 촘스키Noam Chomsky는 형식주의 전통을 고수하면서 언어와 실재 사이의 관계를 내가 비판한 바로 그 방식으로 바라본다. 촘스키는 언어가 인간의 사고에도 절대적으로 필요하다고 말한다.

촘스키가 인간 언어의 기원을 찾으려다 맞닥뜨리는 난점은 물리학자가 수학의 역할을 찾으려다 맞닥뜨린 것보다 훨씬 크다. 물리학자는 수학이 작동한다는 사실만으로 만족하며 수학의 놀라운 효율성에 대해 이야기할 때도 기껏해야 두루뭉술한 칭찬으로 얼버무린다. 물리학자, 특히 이론물리학자를 닦달하면 맥스 테그마크와 비슷한 입장을 취하며 수학을 세계 자체와 동일시할 위험이 있지만, 다행히도 그런 주장을 진지하게 받아들일 이유는 전혀 없다. 널리 퍼져 있는 그런 공상은 검증하기 어려운 순전한 심심풀이로 치부할 수 있다. 촘스키는 이보다 어깨가 더 무겁다. 언어의 역할과 기원은 어엿한 학문 분야이며 사람들은 명쾌하고 확실한 대답을 기대한다. 촘스키는 사변적 물리학에 종사하는 사람과 달리 숨을 데가 없다.

촘스키는 그의 입장을 옹호하기 위해 꼬치꼬치 따져볼 수 있는 여러 결론, 즉 반증 가능한 예측들을 내놓아야 한다. 촘스키는 언어가 인간에게만 있고 다른 동물들에게는 언어 비슷한 것조차 없다고 주장한다. 사람이 가진 능력과 침팬지나 돌고래가 구사하는 능력 사이에는 정도의 차이가 아니라 절대적이고도 질적인 차이가 있다고 말한다. 촘스키는 인간의 언어가 인간 이전에 존재한 생명체로부터 점진적으로 진화하지 않았다고 주장한다. 그렇다면 어디서 왔다는 말인가? 촘스키는 신이나 외계인의 개입을 믿지 않으므로 무작위적인 유전적 돌연변이로 설명한다. 모든 사람이 언어를 이해하고 구사하는 보편적 능력을 가지게 된 것, 우리가 언어를 통해 개념의 세계와 연결된 것이 역사적 요행 덕분이라는 것이다.

이는 형이상학적 분위기를 물씬 풍기는 인기 있는 발상인데, 이유는 간단하다. 창조의 정점인 인류와 나머지 하등한 존재들 사이에 뚜렷한 선을 그을 수 있기 때문이다. 촘스키의 주장은 우리를 한낱 짐승으로 전락하지 않도록 지켜 주는 이원론적 세계관을 유지하려는 시도다. 신이 기적을 일으켜 주지 않는다고? 그러면 우연에 기대면 된다. 이 모든 것은 플라톤적 이데아 세계라는 관념과 일맥상통한다. 여기에는 수학뿐 아니라 우리가 운 좋게 얻은 언어도 포함된다.

하지만 동물 행동에 관한 연구는 사뭇 다른 방향을 가리킨다. 생물학자들은 침팬지에게 정교한 수어가 있고 향유고래의 노래가 복잡하며 문화적으로 전수된다는 사실을 발견했다. 이스라엘의 생물학자 요시 요벨Yossi Yovel은 이집트 과일박쥐의 대화를 해독하는 컴퓨터 프로그램을 개발했다. (대부분은 '저리 가'나 '나 깨우지 마'처럼 옥신각신하는 내용이다.) 지프의 법칙은 미국의 언어학자 조지 지프George Zipf의 이름을 딴 신기한 실증적 법칙인데, 인간의 모든 언어뿐 아니라 돌고래의 휘파람 소리에도 잘 들어맞는 듯하다. 지프의 법칙에 따르면 어떤 낱말이 쓰이는 상대적 횟수는 1/n인데, 여기서 n = 1은 가장 흔한 낱말에 해당한다. 두 번째로 흔한 낱말이 쓰이는 횟수는 가장 흔한 낱말의 절반이며, 나머지도 마찬가지다. 왜 그런지는 아무도 모르지만, 이 법칙은 영어뿐 아니라 돌고래가 내는 소리에도 들어맞는 것으로 보인다.

언어와 관련해 우리가 다른 동물들과 공통점이 많다는 사실은 유전적 증거로도 확인할 수 있다. 1990년대에 연구자들은 FOXP2라는 유전자에 결함이 생기면 여러 언어장애가 생길 수 있음을 발견했다. FOXP2 유전자는 다양한 척추동물에게서 발견할 수 있는데, 새가 노래하는 것도 이 유전자 덕분이다. 그러므로 우리의 언어 능력에 영향을 미치는 유전자들 중 상당수는 그 밖의 기능도 많이 가지고 있을 것이다.

촘스키는 인간의 언어가 다른 동물의 언어와 다른 것이

'재귀적recursive'이기 때문이라고 주장한다. 이 말은 '안은문장'을 한도 끝도 없이 만들어 낼 수 있다는 뜻이다(너무 길어지면 도무지 알아들을 수 없게 되겠지만). 안은문장에는 절이 들어 있고 그 절에는 또 다른 절이 들어 있다. 내가 '내가 이 문장을 썼다'라고 쓰면, 당신은 '나는 당신이 자기가 썼다고 주장하는 문장을 읽었다'라고 답하고, 나는 다시 그에 답하는 식으로 계속할 수 있다. 촘스키는 동물들이 언어를 이런 방식으로 사용하지 못한다고 말한다. 하지만 이는 결코 확실하지 않으며 실제로 이의가 제기되기도 했다. 2011년 교토대학교의 연구진은 흰허리문조Bengal finch에게 재귀 능력이 있음을 입증했다. 이 새들은 고정된 개수의 어절로 이루어진 다양한 노래를 부르는데, 상대의 노래가 문법적으로 옳은지에 민감하다. 음절 순서를 다르게 들려주고 반응을 조사했더니 안은문장도 처리할 수 있는 것으로 드러났다. 이 능력을 뇌의 어느 부위에서 관장하는지도 밝혀졌다. 다만 이것이 단순히 문법 실력을 과시하기 위한 것인지, 노래에 의미가 있는지는 분명하지 않다.

앞서 보았듯 세계를 추상적 기호들과 짝짓는 것만으로 의미를 부여하려 하면 문제가 발생한다. 가능하지가 않은 것이다. 이는 컴퓨터(적어도 우리가 지금 상상할 수 있는 종류의 컴퓨터)가 생각을 할 수 없는 이유이기도 하다. 컴퓨터는 순수한 문법만 구사하며 우리가 투영한 의미만 들어 있다. 이에 대한 대안으로 제시된 개념이 '체화embodiment'인데, 이는 생각이 무의미한 기호들의 기계적 조작에 머무르지 않는 것을 일컫는다. 미국의 철학자 마크 존슨Mark Johnson과 조지 레이코프George Lakoff는 『몸의 철학』에서 언어와 수학이 우리의 물리적 신체에 바탕을 두고 있으며 이를 통해 의미를 생성한다고 주장한다. 여기서 우리는 뢰벤하임과 스콜렘이 제시한 까다로운 딜레마에서 벗어나는 길을 볼 수 있다. 정보 자체는 물질적 기반 없이는 아무것도 아니다. 물질 없는 정보는 존재하지 않는다. 관건은 물질이다.

예를 들어, 도로 표지판에 '70'이라는 숫자가 쓰여 있다고 해보자. 시속 70킬로미터보다 빠르게 운전하면 안 된다는 표시다(적어도 스웨덴에 있는 표지판이라면). 이 정보는 결코 표지판 자체의 속성이 아니다. 숫자 '70'조차도 표지판을 구성하는 물질이 아니다. 표기법이 바뀌어 숫자 '3'과 '7'의 의미가 바뀌더라도 표지판을 구성하는 물질의 특성은 전혀 달라지지 않는다. 표지판 자체에는 제한속도에 대한 정보가 하나도 담겨 있지 않다. 표지판이 전달하고자 하는 바가 조금이라도 의미를 가지려면 자동차 운전자의 뇌와 같은 또 다른 물질계(물질로 이루어진 계)가 필요하다. 이 물리계는 표지판을 해석해 행동을 조정한다(부디 그러기를 바란다).

유의미한 정보는 이런 상호작용과 독립적으로 존재하는 것이 아니라 해석자와의 관계 속에서만 존재한다.

요점은 과학을 수학적 논리에 기반한 체계로만 본다면 과학에는 아무 의미도 없다는 것이다. 그러면 나 같은 연구자들이 이론을 가지고 하는 일도 형식화된 규칙에 따라 기호를 조작하는 것에 지나지 않을 것이다. 의미가 생겨나는 것은 이 기호들이 현실 세계에, 더 정확히 말해 우리가 선택하고 추상화하는 현실의 일부에 연결될 때뿐이다. 문제는 여기에 중요한 단계들이 있다는 것인데, 이 단계들은 사소한 것으로 오인되며 의도적으로 외면당한다. 고상한 관념들과 비루한 자연계 사이에는 연구자 자신의 체화된 의식이 놓여 있다(이것이야말로 과학의 본질이다). 수학과 논리라는 추상 세계와 우주 사이에 객관적이고 외부적이며 독립적인 연결은 존재하지 않는다. 그런 연결은 언제나 피와 살로 이루어진 뇌에서 이루어진다.

V.

컴퓨터는 의식이 없다

THE WORLD ITSELF

또 다른 호흡기관이라고 할 수 있으며, 또 우리로 하여금 광대한 공간을 가로지르게 하는 날개도 우리에게는 아무 도움이 되지 않을 것이다. 왜냐하면 우리가 동일한 감각을 간직한 채로 화성이나 금성에 간다면, 그 감각은 우리가 볼 수 있는 온갖 것에 지구와 동일한 양상을 부여하기 때문이다. 단 하나의 진정한 여행, 단 하나의 '청춘'의 샘은 새로운 풍경을 향해 가는 것이 아니라, 다른 눈을 갖고, 타자의 눈을 통해 다른 수백 명의 눈을 통해 우주를 보며, 그들 각각이 보고 그들 각각이 존재하는 수백 개의 우주를 보는 것이다.

—마르셀 프루스트, 『잃어버린 시간을 찾아서』

스웨덴이 철학의 초기 역사에 가장 중요하게 일조한 것은 데카르트를 죽인 것이다. 이 위대한 철학자는 자신의 내면을 들여다보고는 자신이 생각하기 때문에 존재한다고 결론 내렸다. 그는 자신이 생각하는 존재일 뿐 아니라 그것이 유일하게 중요한 특징이라고 선언했다. 자신에게 몸이 있다는 것을 부정하지는 않았지만 "마음은 몸과 실질적으로 구별되며 몸 없이도 존재할 수 있다"라고 토를 달았다.

인류 역사에서 합리적 사고의 새 시대를 열었다고 평가받는 천재 데카르트는 치명적 실수를 저질렀다. 그는 위의 선언을 하고 나서 몇 년 뒤 구스타프 2세 아돌프 국왕의 딸인 젊은 크리스티나 여왕의 구슬림에 넘어가 스웨덴을 방문했다. 스웨덴은 구스타프 2세가 벌인 전쟁을 통해 당시 강국으로 발돋움해 있던 터라 문화를 수입해 국가의 명성을 드높일 필요성이 절실했다. 과학과 철학에 진심으로 관심이 있던 크리스티나는 위대한 철학자 데카르트에게 편지를 보내 그의 흥미를 불러일으켰다. 1649년 가을 가련한 데카르트는 여왕에게 철학을 가르치기 위해 문명 세계의 끝자락 스톡홀름에 도착했다. 그는 늦게까지 일하고 아침 늦도록 자는 습관이 있었지만 이제는 춥고 습한 성에서 일찍 일어나 여왕에게 수업을 해야 했다. 영혼이 몸과 독립적으로 존재할 수 있다는 그의 주장은 독실한 신자인 크리스티나에게 솔깃했겠지만 그의 기계론적 철학은 그 정도로 관심을 끌지는 못했을 것이다. 데카르트는 얼마 안 가서 감기에 걸렸으며 이것이 폐렴으로 도져 스웨덴에 도착한 지 몇 달 만인 1650년 2월 비참한 몰골로 숨졌다.

그는 스톡홀름 외곽에 매장되었는데, 16년 뒤 프랑스는 국가적 영웅의 유해를 본국으로 모실 때가 되었다고 판단했다. 데카르트는 파리 생트준비에브 교회에 두 번째로 묻혀, 교회가 서서히 무너져 폐허가 되기까지 100년이 넘도록 안식했다. 프랑스혁명 기간 그의 유해는 허물어진 교회에서 구출되어 프랑스문화재박물관에 임시로 안치되었다가 1819년 생제르맹데프레 수도원에서 최후의 안식처를 찾았지만 두개골은 이미 달아나고 없었다. 데카르트의 시신이 스웨덴을 떠나기도 전인 1666년 그의 관을 지키던 근위대장이 빼돌린 것이었다. 두개골은 학자들을 전전하다가 마침내 린네의 제자 안데르스 스파르만Anders Sparrman의 손에 들어갔다(스파르만은 제임스 쿡의 두 번째 태평양 항해에 동행하기도 했다). 프랑스과학아카데미는 그 족적을 추적해 온전한 상태의 두개골을 찾아냈다. 생트준비에브 교회의 폐허에서 구출된 것으로 알려진 나머지 시신은 어떻게 되었을까? 구리 관에 있어야 할 유골은 엉뚱하게도 나무 관에서 발견되었다. 데카르트의 시신은 방치되어 있었고, 오히려 두개골이 도둑에게 구출된 듯했다. 그림에서 보이는 것처럼 두개골은 소유자들이 오랜 시간에 걸쳐 남긴 메모들로 뒤덮여 있다.

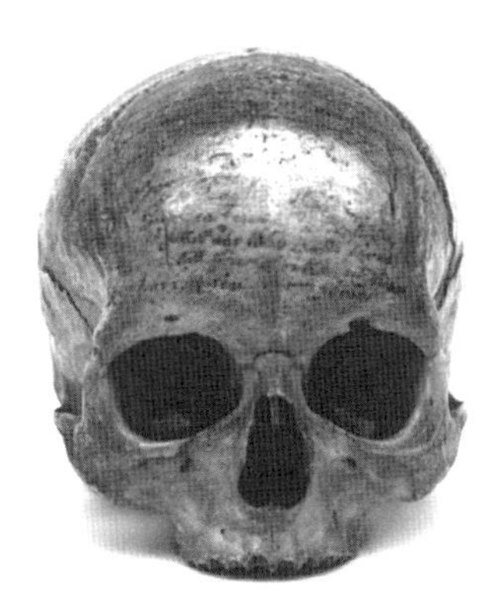

데카르트의 두개골. (J. C. 도메네크 촬영. 국립자연사박물관 제공.)

이 텅 빈 머리뼈 안에서, 데카르트의 의식은 스스로를 관찰하고서 자신이 존재하며 따라서 몸과 독립적이라고 결론 내렸다. 가련한 몸이 사라지고 유일하게 남은 것은 한때 그의 뇌를 담았던 빈 용기뿐이다. 그나저나 그의 의식은 어디로 갔을까?

몸과 정신

의식과 몸의 관계를 밝히려는 분투는 수천 년간 이어졌다. 사후에 무슨 일이 일어나는지뿐 아니라 의식이 실제로 어디에 위치하는지를 놓고 문화마다 제각각의 결론과 수많은 허무맹랑한 제안을 내놓았다. 눈에 띄는 예로 고대 이집트인들이 있다. 그들은 물리적 몸이 사후에도 중요한 역할을 한다고 믿었으며 뇌를 쓸모없는 두개골 속 알맹이로 여겨 의식이 뇌가 아닌 심장에 있다고 생각했다.

요즘 우리는 뇌가 생각의 장기라는 확신에 어찌나 사로잡혀 있는지, 우리에게 물리적 몸이 있다는 사실조차 잊기 일쑤다. '나'의 실체가 무엇인지는 확신하지 못하더라도 그것이 두개골 안에 있다는 것은 의심하지 않는다. 이집트인들은 인간의 정신이 두 가지 핵심 요소인 카Ka와 바Ba로 이루어졌다고 믿었다. 카는 물리적 몸에 대응하는 일종의 영적 몸으로, 몸이 죽으면 몸을 떠나 무덤 위에 떠 있었다. 바는 개인의 영혼에 더 가까워서 사후에 이승과 저승을 자유롭게 돌아다닐 수 있었는데, 그러려면 물리적 몸을 보전해 영혼이 밤에 돌아올 안식처를 마련해 주어야 했다. 몸이 훼손되면 카와 바를 잃어 달갑잖은 종말을 맞을 터였다. 약간의 호의를 베풀자면, 이를 의식이 물리적 몸과 독립적으로 존재할 수 없다고 믿는 단호한 물리주의와 다르지 않다고 해석할 수 있다. 고대 이집트인들의 골머리를 썩인 이 문제들은 오늘날까지도 첨예한 논란거리다.

데카르트가 옹호한 이원론은 아직까지도 많은 종교인들이 천명하는 믿음을 온건하게 반영한 것으로, 그다지 독창적인 발상은 아니었다. 하지만 그는 이 문제에 대한 철학적 관점을 제시하여 신앙이 없는 이들에게도 자신의 결론이 필연적인 것으로 보이게 했다. 오늘날 과학 교육을 받은 이들 사이에서는 이러한 몸과 정신의 분리가 별로 인기를 끌지 못하고 있다. 적어도 그들이 남들 앞에서 말하는 바로는 그렇다. 많은 이들이 의식은 물질에 뿌리를 두고 있으며 물질과 독립적으로 존재할 수 없다고 주장한다. 뇌 같은 신체적 장기에 깃들지 않은 채로 자유로이 떠다니는 자아는 존재할 수 없다고 말한다. 그럼에도 데카르트의 오래된 이원론은 그 매력을 잃지 않고 현대 컴퓨터과학의 사고에 스며

들어 있다. 우리가 하드웨어와 소프트웨어를 구별하는 방식은 몸과 정신을 바라보던 방식과 놀랍도록 비슷하다. 이런 식으로 컴퓨터 기술은 대규모 연산을 효율적으로 하는데 관심이 있는 이들뿐 아니라, 데카르트의 '나' 문제를 새롭게 포장하려는 이들을 위한 도구로도 발전했다.

체스 두는 법

고등학생 시절인 1980년대 초 나는 베이식이라는 프로그래밍 언어를 이용해 체스를 두는 간단한 컴퓨터 프로그램을 만들었다. 내 전략은 단순했다. 체스판 위의 모든 기물의 위치를 나타내는 숫자를 표로 정리하고, 기물이 움직일 수 있는 모든 규칙을 나열했다. 프로그램에는 몇 수 앞의 모든 가능성을 검증하는 루틴이 들어 있었다. 어느 행마가 좋은지 판단하기는 힘들었지만 가장 간단한 방법을 선택했다. 비숍에는 3점, 룩에는 5점, 이런 식으로 프로그램으로 하여금 각각의 기물에 점수를 매기도록 했다. 그러면 프로그램은 (상대방이 같은 원칙에 따라 최상의 행마를 선택한다는 가정하에서) 점수가 가장 높은 행마를 선택했다. 이 원칙은 여러 고급 체스 프로그램에서 쓰이는 것으로, '미니맥스'라고 불린다.

초보적인 알고리즘을 개선하기 위해 아주 사소한 실수

도 놓치지 않으려고 긴 출력물을 샅샅이 들여다보던 기억이 난다. 내가 작성한 프로그램은 결국 작동하기는 했지만 딱히 유능한 선수는 아니었다. 하지만 적어도 한 수, 심지어 두 수 앞서 체크메이트를 예측할 수 있었다. 초급자는 거뜬히 이길 수 있었으며 중급자에게도 만만찮은 상대였다.

나는 몇 장의 종이나 컴퓨터에 쏙 들어가는 내 프로그램이 어떤 의미에서도 의식이 있거나 지적이라고는 생각하지 않았다. 나는 프로그램이 어떻게 작동하는지 속속들이 알고 있었으며, 딱딱하고 엉성한 규칙의 집합에 불과하다는 것을 간파했다. 내 프로그램은 (올바른 순서로 실행된다면) 다음 수를 어떻게 두어야 할지 계산했다. 그것은 순전히 기계적인 과정이었으며 이론적으로는 톱니바퀴와 막대로 이루어진 기계로도 구현할 수 있었다. 하지만 실제로 작동하는 모습을 보는 것은 즐거웠다. 대학생 때 그 프로그램을 좀 더 현대적인 언어로 번역하고 약간 개량했지만 그 뒤로는 아예 개발을 접었다.

요즘은 모든 사람을 이길 수 있는 체스 소프트웨어를 스마트폰에 내려받을 수 있다. 대국과 비슷한 조건에서 현역 체스 챔피언이 컴퓨터에 패한 최초의 사건은 1996년 2월 10일 벌어졌다. 흰색 기물의 딥블루가 37수 만에 게리 카스파로프를 기권시킨 것이다. 혁명적 순간이었다. 카스파로프가 그의 책에서 말한 대로, 그에게만 혁명적인 것은 아니었다. 그는 여섯 판으로 이루어진 전체 대결에서는 승리했지만 이듬해 개선된 딥블루가 복수에 성공했다. 누가 또는 무엇이 챔피언인지는 의심의 여지가 없었다. 마침내 예술 행위로 인정받는 게임에서 인간이 기계에 패한 것이다.

컴퓨터와 대국하다 보면 모든 작전이 수포로 돌아가고 잇따라 자충수를 두다 끝내 수모를 당해 정서적으로 만신창이가 된다. 내가 초인적 지능과 맞서고 있는 것일까? 컴퓨터가 인간에게 승리한 게임은 체스만이 아니다. 컴퓨터가 바둑을 익히자 인간은 다시 한번 자존심을 구겼다. 바둑의 규칙은 체스보다 훨씬 간단하다. 바둑판은 가로 열아홉 줄, 세로 열아홉 줄로 이루어졌다(줄의 개수가 다른 바둑판도 있다). 한쪽은 백돌, 다른 쪽은 흑돌을 잡고 선들의 교차점에 번갈아 가며 돌을 놓는다. 목표는 상대방의 돌을 둘러싸 잡아가며 최종적으로 판 전체를 차지하는 것이다. 간단해 보일지 몰라도 바둑은 복잡성 면에서 체스를 능가하는데, 가능한 수의 개수만 10^{170}가지 이상으로 추산된다.

수학자이자 체스 그랜드마스터 에마누엘 라스커Emanuel Lasker는 이렇게 토로했다. "체스가 이 세상에 국한된 게임이라면, 바둑에는 지구를 초월한 무언가가 있다. 우리와 같은 게임을 즐기는 외계 문명이 있다면, 그 게임은 의심할 여지

없이 바둑일 것이다." 여기에는 이유가 있다. 체스의 규칙은 자의적이지만 바둑은 전혀 딴판이다. 판의 크기가 다를뿐더러(이는 별로 중요하지 않다), 그 규칙은 거의 스스로를 새로 쓰는 수준이다.

컴퓨터가 바둑을 익히기까지는 시간이 좀 더 걸렸지만, 조만간 그렇게 되리라는 것은 분명했다. 2016년 3월, 구글에서 개발한 알파고는 한국의 이세돌을 물리침으로써 정상급 선수를 이긴 최초의 바둑 프로그램이 되었다. 당시까지의 모든 체스 프로그램과 마찬가지로 알파고는 숙련된 선수들이 구사하는 수법과 전략, 포석을 담은 방대한 기보를 바탕으로 사전에 프로그래밍되었다. 인간 선수들이 만들어낸 기보와 더불어 여러 수를 내다보는 우월한 수읽기 능력에 의존한 것이다.

2017년 말 더욱 놀라운 일이 일어났다. 새로운 버전의 프로그램인 알파고 제로가 전혀 다른 전략을 통해 개발된 것이다. 알파고 제로는 기본적 규칙 말고는 바둑 두는 법에 대한 어떤 사전 지식도 제공받지 않았으며 그 대신 자기 자신과 무수히 대국하면서 독자적으로 전략을 발전시켰다. 단 사흘간 훈련하며 500만 판 가까이 두고 나자 어떤 인간 선수보다 강해졌으며 얼마 지나지 않아 어떤 프로그램보다도 고수가 되었다.

이것이 실제로 무슨 의미인지 들여다보기에 앞서 다시 체스로 돌아가 보자. 알파고 제로의 업그레이드 버전인 알파제로는 훈련으로 바둑 고수가 되었을 뿐 아니라 체스에서도 같은 위업을 달성했다. 혼자서 몇 시간 훈련한 것만으로 최고의 체스 프로그램을 모조리 물리칠 만큼 실력을 닦은 것이다. 2017년 12월 알파제로는 당시 챔피언 프로그램이던 스톡피시와 100판을 두어 28번 이기고 72번 비겼으며 한 번도 지지 않았다. 알파제로는 훈련 기간에만 인간이 지금껏 고안한 모든 체스 오프닝을 발견했으며, 어떤 의미에서 여러 세대의 인간 선수들이 100년에 걸쳐 발견한 것들을 검증했다. 여러 가능성을 시도하면서 어떤 오프닝들은 다른 것들보다 덜 자주 두기 시작했는데, 이는 알파제로가 그 오프닝의 성공률을 인간 선수들이 생각하는 것보다 낮게 판단한다는 인상을 주었다.

이런 식으로 체스는 매우 최근까지도 이 분야 명인이던 사람들의 관여 없이도 새로운 의미를 얻게 되었다. 선수의 취향에 달린 자의적이고 어쩌면 예술적인 선택으로 여겨지던 체스 오프닝은 수학적 구조의 성격을 띠게 되었다. 따라서 최상의 체스 행마법에 대해 알파제로가 내놓은 결론은 객관적인 수학적 결과와 동일해졌다. 앞으로는 체스 지침서의 오프닝들 가운데 알파제로가 미흡하다고 판단한 것에 경고 표시가 붙어야 할지도 모르겠다.

알파제로는 신기하게도 퀸의 폰을 애지중지하며 기물들을 희생시키는 것을 개의치 않는다. 예전의 내 프로그램이 기물들의 가치만을 근거로 위치를 평가한 것과 달리 알파제로의 관심사는 오로지 승리뿐이다. 위치에서의 장기적 이득이 중요할 뿐 잡히는 기물은 아무 의미도 없다. 이 모든 것은 알파제로와 스톡피시의 대국에서 똑똑히 드러났다. 대국을 분석한 전문가들은 어안이 벙벙할 따름이었다.

챔피언 프로그램이든 내가 어릴 적 만든 초보적 프로그램이든 체스 프로그램은 인간 선수와 마찬가지로 기물을 잡는 것을 좋아하고 잃는 것을 싫어한다. 이 전략은 대체로 효과적이며 쉽게 구현할 수 있다. 초심자들 간의 대국은 종종 난타전으로 변하는데, 특히 퀸을 놓고 치열한 공방이 벌어진다. 퀸을 잃으면 대개는 그 대국에서 패한다. 숙련된 선수들은 기물의 위치에 따른 이득을 읽는 법을 익힌다(이따금 폰 1, 2개를 과감하게 희생시키기도 하지만). 이에 반해 알파제로는 인간의 편견을 갖고 있지 않아서 사람들이 상상도 하지 못하는 전략들을 채택하며 오로지 이길 방법만을 탐색한다.

흥미롭게도, 알파제로는 위치들의 수를 처리할 때 썩 빠르지 않다. 초당 약 8만 개의 위치를 처리할 수 있는데, 스톡피시는 7,000만 개나 처리하기 때문이다. 알파제로는 그 속도가 스톡피시의 약 1,000분의 1이며, 인간(그것도 매우 이상한 인간)과 비슷하게 둔다고 말할 수 있겠다.

미래의 모든 체스 명인은 퀸의 폰을 중시하게 될까? 물론 인간의 뇌는 알파제로가 발견한 고급 전략들을 써먹을 능력을 가지고 있지 않을 수도 있다. 알파제로의 전략은 우리가 익히기에는 너무 어려운지도 모른다. 솔직히 이 모든 일이 조금 섬뜩하기는 하다. 우리가 인간이 대적할 수 없는 초인적 지능을 맞닥뜨린 것일까? 알파제로는 신경망을 이용하는데, 이 알고리즘은 인간 두뇌의 작동을 흉내 낸다. 신경세포는 전달받은 신호를 처리하며 그에 따라 다른 신경세포에 전달한다. 하지만 신호의 전달 여부와 세기를 결정하는 요인은 고정되어 있지 않고 시간에 따라 달라진다. 이것이 학습의 전부다. 신경망은 범용적이므로, 현실과 무관한 게임뿐 아니라 다른 문제들에도 알파제로의 학습 능력이 적용될 수 있으리라고 쉽게 상상할 수 있다. 과학에도 적용할 수 있을까? 물론이다. 단백질 접힘과 천문학 같은 분야에는 이미 도입되었다.

이따금 이론물리학자의 일이 체스 두는 것과 좀 비슷하다고 느껴질 때가 있다. 나는 언제나 패턴을 들여다보며 그 패턴이 이끄는 대로 따라갈 기회를 찾는다. 이따금 성공하기도 하지만(체크메이트!), 꼴사납게 지는 경우가 더 많다. 그러면 내가 잘못된 길에 들어섰음을 인정할 수밖에 없다. 사소한 오타나 예상하지 못한 행보에 모든 것이 와르르 무너진다.

하지만 여기서 주의가 필요하다. 현실 세계는 시뮬레이션된 세계와 다르며 체스나, 심지어 바둑의 매우 제한적인 형태와도 다르다. 월드컵에서 우승하는 기계 축구팀을 설계하고 제작하는 것은 체스를 두는 것보다 훨씬 힘들다(언젠가는 성공할지도 모르지만). 아인슈타인에게는 일반 상대성 이론을 발견하는 것보다 탁구에 숙달하는 것이 더 힘들었다. 프린스턴대학교에 있을 때 수학자 메릴 플러드Merrill Flood에게 탁구를 배웠는데, 공이 머리카락에 엉기고 말았다.

놀라운 일과 미지의 규칙으로 가득한 세상에서 살아남기 위해서는 호기심이 필요하다. 버클리인공지능연구소의 연구진은 호기심을 이용해 〈슈퍼 마리오Super Mario Bros.〉 게임 방법을 학습하는 알고리즘을 개발했다. 알파제로는 체스에서 이기면 보상을 받는 반면, 이 소프트웨어는 예상하지 못한 것을 탐지하면 점수를 얻는 식으로 새로운 상황을 탐구하도록 유도된다. 하지만 이런 프로그램은 번쩍거리는 TV 화면이나 바람에 펄럭거리는 나뭇잎 같은 예측 불가능한 잡음의 출처를 멍하니 바라보고 있을 수도 있다. 무엇이

의미가 있고 주의를 기울여야 하는 것인지 판단할 수 없다면 지나친 호기심은 위험할 수도 있다. 알파제로의 경이로운 행마는 완전히 새로운 지능이 깨어났다는 신호일까? 그렇지는 않을 것이다. 이 환상적 프로그램들은 나의 구닥다리 베이식 프로그램과 결코 다르지 않으며(그때 작성한 코드는 아직 남아 있다) 그 프로그램들에 의식이 있다고 믿을 이유는 전혀 없다. 이는 18세기 후반과 19세기 초반 전 세계를 순회했던 체스 기계 메커니컬 터크와는 대조적이다. 메커니컬 터크의 비밀은 인간 체스 고수가 그 안에 숨어 있었다는 것이다. 그런데 우리는 그 사실을 어떻게 알 수 있을까?

그 안에 사람이 있는지 어떻게 알 수 있을까?

컴퓨터에게 의식이 있는지 판단하고 싶다면 의식이 무엇인지에 대해 나름의 견해가 있어야 한다. 데카르트에 따르면 의식은 내면의 주관적 관점, 즉 '자아'다. 자신의 자아를 바라보는 것은 확실히 독점적 관점에서 이루어지는 행위다.

그렇다고 지금 당장 철학적 추론에 뛰어들지는 말고 물리학자의 입장에서 이 문제와 씨름해 보자. 모든 것이 물리학이라는 주장을 받아들인다면 의식은 (그것이 무엇이든) 물리학 이론에 들어맞아야 한다. 따라서 우리는 의식이 그 밖의 물리적 현상과 어떻게 연결되는지, 의식이 어떻게 물질로 표현되는지 기술할 수 있어야 한다. 또한 가설이 가치를 인정받으려면 (적어도 미래에는) 측정으로 검증할 수 있는 새로운 예측을 내놓아야 한다. 일단 의식과 닮은 것이 존재한다는 것을 우리가 전혀 모른다고 가정해 보자. 용감한 실험물리학자로서 우리는 무엇을 만나게 될지 모르는 채로 새롭고 흥미로운 현상을 찾아 나선다. 과학적 도구로 관찰할 수 없는 것에는 관여하지 않는다. 우리의 임무는 오직 관찰하고, 계산하고, 보이는 것에 대해 모형을 만드는 것이다. 말하자면 우리는 과학에 전념한다. 우리가 암석이나 계산기를 연구하든, 체스를 두는 정교한 컴퓨터를 연구하든, 또는 어떤 대상과 흥미로운 대화를 시도하든 우리는 물질적 요소들을 기술할 때마다 동일한 기본 모형들을 사용한다. 우리의 모형들은 낱낱의 부분들이 서로 어떻게 상호작용 하고 우리가 관찰하는 현상들이 어떻게 일어나는지 보여준다.

우리는 암석을 연구하면서 광물학의 아름다움을 발견한다. 화학의 탈을 쓴 물리학은 굳기와 색깔이 어떻게 원자의 배열에서 도출될 수 있는지 알려준다. 여기서 양자역학이 중요한 역할을 하는데, 우리가 세계에서 발견하는 모든 형태의 물질에 대해 그 속성을 설명하는 것은 분명 쉬운 일이 아니다. 새로운 물질을 만들어 내는 법을 알아내기도 쉽지 않다. 그럼에도 우리는 자연의 기본 법칙이 이미 확립되었다고 확신한다. 이와 마찬가지로 천문학자들은 정교한 컴퓨터 연산을 이용해 항성을 모형화할 수 있는데, 그들은 항성 안의 뜨겁고 요동치는 플라스마에서 일어나는 핵물리학적 현상들을 시뮬레이션한다. 항성이 빛을 내는 핵물리학 원리는 지구 내부를 녹이는 원리와 동일하다. 하지만 이 문제들은 복잡하며 이따금 우리가 알고 있는 것의 한계에 다다르기도 한다.

계산기를 설계하는 재간둥이 공학자들은 자신의 발명품을 속속들이 이해한다. 구성 요소들을 제작하고 지정된 대로 조립하는 방법을 이해하는 데는 재료물리학이 동원된다. 전류는 회로를 따라 흐르면서 우리가 실행하고자 하는 수학적 계산을 실행한다. 이와 마찬가지로 알파제로도 누군가 의도적으로 소프트웨어에 써놓은 규칙을 따른다. 그 덕분에 진화적 적응이 가능해지는데, 이를 통해 시스템은 자신의 체스 능력을 점진적으로 향상시킬 수 있다. 그 결과는 경이로울 수도 있고 알파제로가 찾아내는 전략들이 우리가 이해하기에는 너무 복잡할 수도 있다. 하지만 이러한 차이는 여전히 이론상의 차이가 아니라 복잡도의 차이일 뿐이다. 모든 것은 물리학의 기본 법칙에서 도출된다. 암석이 무엇을 하는지, 컴퓨터가 체스에서 어떻게 사람을 이기는지에 대해서는 신비로울 것이 전혀 없다.

의식의 존재에 대해 우리가 이끌어 낼 수 있는 결론은 무엇일까? 암석이나 체스 두는 컴퓨터를 기술하는 데 의식은 전혀 필요하지 않다. 우리는 이미 우리가 관찰하는 것을 설명하는 데 필요한 모든 것을 가지고 있다. 데모크리토스와 마찬가지로 우리 또한 존재하는 모든 것이 원자와 진공이라는 것을 안다.

이제 다음 단계로 넘어가자. 어쩌면 우리의 논증은 생물학적 뇌에까지 적용되어야 하는지도 모른다. 뇌도 물리계의 일부이기 때문이다. 한 가지 합리적 결론은 개의 내적 삶이 체스 프로그램을 실행하는 컴퓨터보다 월등하지 않다는 것이다. 사실 이는 살아 있는 모든 유기체에 적용되며 인간도 예외가 아니다. 이 추론이 옳다면 당신이 사랑하는 모든 이는 내면의 빛이 결여된 영혼 없는 기계에 불과하다. 이 결론은 본질적으로 끔찍하지만 불가피해 보인다.

하지만 이 시점에서 시선을 내면으로 돌리면 당신은 원자, 진공, 방정식에 들어맞지 않는 무언가를 발견하게 된다. 그것은 당신 내면의 주관적 존재, 즉 당신의 자아다. 암석, 컴퓨터, 동료 인간들에게서 방금 빼앗은 데카르트적 현상 말이다. 물리학에서 설 자리가 없어 보이는데도 어떻게 자아가 엄연히 존재할 수 있는가의 물음은 오스트레일리아의 철학자 데이비드 차머스가 '난제'라고 부른 문제다.

이런 모순을 어떻게 해소할 수 있을까? 한 가지 가능성은 이 문제가 물리학과 과학 바깥에 있다고 주장하며 정의상 과학이 다룰 수 없는 사안이라고 선언하는 것이다. 다시 말해 과학자로서 당신은 이 주제를 결코 진지하게 받아들이지 말고 다른 학문에 맡겨야 한다. 데카르트의 충고를 따르자면 우리 연구자들은 세계를 바깥에서 보아야 한다. 이는 종교를 믿는 사람들에게 매력적인 방안으로 갈등을 피할 수 있는 편법이다. 하지만 일관성을 고수하는 자연주의자라면 이러한 이원론적 접근법은 결코 받아들일 수 없다. 해법은 다른 곳에서 찾아야 한다.

물리학이 원자와 진공만 다루는 것은 아니다. 물리학자들은 더 높은 차원에서 의미를 지니는 개념도 동원한다. 사과의 낙하를 연구할 때마다 원자 하나하나를 추적하거나 원자를 구성하는 더 기본적인 입자들을 들여다보지는 않는다. 그보다는 원자들의 묶음을 '사과'라고 일컫고 그것의 질량 중심이 어떻게 낙하하는지에 초점을 맞춘다. 기압과 온도를 논의할 때는 수많은 분자들의 집단적 행동에 주목한다. 마찬가지로 세차게 회전하는 허리케인을 이해할 때는 개별적 공기 분자의 관점이 아니라 수 세제곱킬로미터에 걸쳐 있는 공기 덩어리의 관점을 취한다. 이런 식으로 더 큰 척도에서 현상을 구별하고 그것에 초점을 맞추는 것은 어느 물리학자에게나 당연한 절차다. 이러한 현상을 '창발emergence'이라고 부른다. 미시적 요소를 지배하는 단순한 기본 법칙으로부터 거시적 척도의 복잡한 과정이 생겨날 수 있다는 뜻이다. 한편 이러한 거시적 현상들은 새로운 법칙으로 기술되기도 하는데, 이는 미시적 관점에서는 전혀 예상하지 못한 것처럼 보이기도 한다. 그렇다면 의식도 이와 마찬가지로 창발적 현상으로 간주할 수 있지 않을까?

철학자 대니얼 데닛은 이 견해를 가장 확고하게 주장하는 이들 가운데 하나다. 『의식의 수수께끼를 풀다』와 그 뒤에 나온 여러 책에서 그는 다음과 같은 주장을 펼친다. 우리가 무엇을 경험하든(원한다면 그것을 '의식'이라고 불러도 좋다) 그것은 물리적 과정의 결과다. 데닛은 의식을 이해하는 데 필요한 모든 사실을 나 같은 물리학자들이 이미 발견했다고 확신한다. 그의 결론에 따르면 우리의 뇌에서 일어나는 것과 비슷하게 충분히 복잡한 정보처리가 가능한 대상으로부터 의식의 존재가 도출된다는 것은 단순한 실험적 사실이다. 이 결론의 직접적 귀결은 컴퓨터 또한 설계 방식과 무관하게 의식을 얻을 수 있다는 것이다.

철학자 존 설John Searle은 이 견해를 반박하는 유명한 사고실험을 제시했다. 중국어로 대화할 수 있는 컴퓨터 프로그램이 있다고 가정해 보라. 설은 중국어를 하나도 모르는 자신이 방에 갇힌 채 프로그램의 영어 버전을 마주하고 있다고 상상한다. 한자가 적힌 종이가 문 아래 틈새로 들어오면 그는 펜과 종이를 이용해 지시에 따라 새로운 한자를 그린다. 그런 다음 결과를 문틈으로 다시 밀어낸다. 이때 설은 자신을 비롯한 방 자체가 중국어를 이해하지 못하며 그 대화가 무엇에 대한 것인지도 이해하지 못한다고 결론 내린다. 한편 데닛은 이것이 성급한 결론일 뿐 아니라 설이 실험을 기술하는 방식에도 오해의 소지가 있다고 생각한다. 방이 실제로 임무를 수행할 수 있다면 그 방은 극도로 정교한 것임에 틀림없으며 아무리 괴상하게 보일지라도 의식을 가졌음이 분명하다는 것이다. 데닛은 의식이란 충분히 복잡한 정보처리의 결과로 생기는 이차적이고 창발적인 현상이라고 주장한다. 그는 이 놀라운 결론을 제시하며 마침내 의식의 목적이라는 문제를 종결짓는다. 과학이 밝혀낸바 의식은 진화에 의해 설명되는 환각에 불과하다. 설명 끝.

이런 주장을 데닛만 하는 것도 아니어서 여기에는 아예 '계산주의 마음 이론computational theory of mind'이라는 이름이 붙어 있다. 나 같은 물리학자의 눈에는 '이론'이라는 낱말이 썩 정확해 보이지는 않지만 말이다. 물리학에서 이론은 수학을 활용해 정식화되고 우리가 이미 알고 있는 것들에 맞도록 다듬어져야 한다. 적어도 원칙적으로는 실험으로 검증될 수 있는 새로운 현상을 예측하는 데 쓰일 수 있어야 한다. 일반 상대성이론은 모든 시험을 이겨내고 살아남은 이론이며 끈이론은 아직 검증을 기다리는 이론이다.

계산주의 마음 이론의 핵심은 의식을 가진 존재가 수를 셀 수 있는 것으로 보건대 의식과 계산이 서로 연관된 듯하다는 관찰로부터 도출된다. 그 둘의 관계는 인과적이며 의식이라는 신비한 현상의 원인이 (우리가 더 쉽게 이해할 수 있는) 계산 현상이라는 주장이다. 심지어 충분히 복잡한 계산에서는 항상 의식이 생겨난다고 주장하기도 한다. 그 이유는 설명하지 않지만.

생물학적 대상에서조차 우리는 의식과 계산 사이에서 뚜렷한 연관성을 찾아볼 수 없다. 우리는 우리의 뇌가 계산으로 규정될 수 있는 활동을 수행할 때 그 사실을 자각조차 하지 못할 수 있으며 나는 수학 문제를 풀고 있지 않을 때도 나에게 의식이 있음을 느낄 수 있다. 의식과 계산의 연관성은 결코 명확하지 않다. 설령 상관관계가 확립되더라도 이런 근거로는 이론을 수립하기에 미흡하다. 검증 가능한 예측을 전혀 내놓지 못하기 때문이다. 계산이 의식을 생겨나게 한다고 결론 내리기보다는 올바른 상태의 의식이 계산을 수행할 수 있고 의식의 관여 없이 계산하는 다른 방법들이 있을지도 모른다고 말하는 편이 더 합리적으로 보인다. 그런 방법들 가운데 하나가 바로 컴퓨터다.

데닛 일당이 하려는 일은 문제를 외면함으로써 해결하고자 하는 것이나 다름없다. 그들은 물질계 너머에는 아무것도 없다고 가정하면서도(나도 자연주의자로서 이것에는 전적으로 동의한다), 우리가 오늘날의 물리학을 통해 물질의 모든 것을 이미 어느 정도 이해하고 있다는 전혀 근거 없는 가정을 덧붙인다. 그런데 두 번째 가정은 컴퓨터가 충분히 정교해지기만 하면 의식이 인공적으로 생겨난다는 결론으로 이어진다.

이 두 가지 가정이 과학자의 눈에는 해롭지 않아 보일지도 모르지만, 저 결론을 받아들이려면 내면의 주관적 관점을 완전히 배제해야 한다. 데닛 일당은 과학의 눈부신 발전을 거론하면서 당신이 왜 자신의 경험을 믿지 말아야 하는지에 대한 권위주의적 주장을 내놓는다. 그들은 경험이 환각이라고 말한다. 하지만 모순은 금방 드러나는데, 그것을 일축하고자 아무리 두툼한 책을 쓰더라도 소용없다. 환각은 속아 넘어가는 사람을 필요로 한다. 창발적 현상은 그 현상을 알아보고 이름 붙여주는 누군가(아마도 과학자)의 존재를 전제한다. 이는 사과와 허리케인에 대해서는 그다지 문제되는 것이 없지만, 연구자 자신의 의식에 관해서는 결코 그렇지 않다. 누군가를 인식하기 위해서는 인식하는 누군가가 있어야 하기 때문이다. 이 문제를 해소하려는 모든 시도가 당신이 없애고자 하는 바로 그 관점을 불러들인다.

좀비를 알아볼 수 있을까?

의식이 그토록 논란거리라면—어떤 이는 의식이 물리학 너머의 무언가(그것이 무슨 뜻이든)라고 믿는 반면, 어떤 이는 환각(그것이 무슨 뜻이든)이라고 믿는다—사람에게 의식이 없다는 것이 무슨 뜻이냐고 묻는 것은 충분히 합당하다. 데이비드 차머스는 이 문제를 논한 유명한 사고실험에서 '철학적 좀비philosophical zombie' 개념을 들고나온다. '철학적'이라는 낱말은 대중문화 속의 산송장들과 무관하다는 점을 강조하기 위한 것이다. 정의는 간단하다. 철학적 좀비는 겉보기에 인간과 똑같이 행동하지만 내적 삶, 즉 자아가 없는 존재다. 이 내면 세계를 심리철학에서는 '감각질qualia'이라고 부른다. 당신이 무슨 실험을 하든 좀비와 진짜 사람의 차이를 탐지하는 것은 불가능하다. 이론적으로라도 가능할까? 뒤에서 보겠지만 흥미로운 것은 답 자체가 아니라 질문이 가닿는 생각과 당신이 자신의 입장을 옹호하는 방식이다.

데닛을 비롯한 계산주의 마음 이론 지지자들은 모든 성

질이 물리적 흔적을 남겨야 한다는 합리적 가정을 근거로 좀비의 가능성을 배제한다. 좀비로 간주되는 존재와 진짜 사람으로 간주되는 존재 사이에 물리적 차이가 전혀 없다면(여기에는 행동과 더불어 해부학적 차이도 포함된다), 어느 수준에서도 결코 차이가 있을 수 없다는 것이다.

생각(원한다면 환각이라고 불러도 좋다)은 인간의 뇌에서뿐 아니라 좀비의 뇌에서도 패턴으로 존재해야 한다. 어느 한 쪽에 의식이 있다면 다른 쪽도 마찬가지다. 의식을 환각이라고 설명할 수 있다면, 이는 두 경우에 동일하게 적용된다. 이런 관점에서 보자면 철학적 좀비는 불가능하다.

하지만 다른 이들은 이런 논리에 설득되지 않고 설명에 문제가 있다고 생각한다. 우리가 아는 물리학 지식에 근거한 이론적 논증으로 의식의 존재를 도출할 수 없다면, 측정을 동원해 의식의 존재를 검출할 방법이 전혀 없다면 의식이 있는지 어떻게 알 수 있겠는가? 내가 사랑하는 사람들이 철학적 좀비가 아니라고 어떻게 확신할 수 있겠는가?

타인이 무슨 생각을 하는지, 세계를 어떻게 경험하는지 알기란 쉬운 일이 아니다. 타인의 경험이 자신의 경험과 일치할 것이라고 상상하는 이들도 있겠지만, 몇 가지 예외가 알려져 있다. 앞에서 이미 언급했듯 나에게는 많은 이들이 좀처럼 상상하지 못하는 장애가 있다. 나는 몇몇 소수의 사람들처럼 색맹이다. 빨간색과 초록색의 차이를 분간하는 데 애를 먹는데, 조명이 어두우면 더 헷갈린다. 이 말은 내가 주변에서 보는 세계, 내가 내면의 눈으로 적절하게 상상할 수 있는 세계가 대다수 사람들에게 보이는 것만큼 다채롭지 않다는 뜻이다. 약 2퍼센트의 사람들은 또 다른, 아마도 더 신기하게 들릴 질환을 겪고 있다. 이는 '아판타시아'로 불리며, '내면의 눈'이 없어서 머릿속으로 이미지를 그리지 못하는 상태를 일컫는다. 아판타시아 환자들은 머릿속에서 그림을 볼 수 있는 사람이 있다는 사실을 알면 깜짝 놀란다. 50명이 이 책을 읽고 있다면 그중 한 사람은 아판타시아 환자일 것이다. 어쩌면 당신이 그중 한 사람이고 이 사실을 지금 처음으로 알게 되었을지도 모른다.

어떤 이들은 내면의 눈으로 더 많은 것을 볼 수 있다. 사실상 4K UHD 화면과 스테레오 음성을 구현해 어떤 생각과 꿈도 현실과 구별되지 않도록 할 수 있다. 당신은 이 능력을 지닌 (운 좋은?) 소수 가운데 하나일까? 나는 그렇지 않지만, 그래도 내 머릿속에는 영화관이 있어서 무슨 일을 할 때든 요긴하게 써먹는다. 기차를 기다릴 때나 한밤중에 깼을 때, 산책할 때, 그저 따분할 때면 펜과 종이가 없더라도 내면의 눈으로 작은 칠판에 수학을 계산하면서 시간을 때울 수 있다. 종이에 하는 것과 똑같이 수학 방정식을 쓰고 풀 수 있으며 어떤 면에서는 더 근사하게 해내기도 한다. 진짜 칠판에 분필로 쓰는 것과는 비교도 안 될 정도로 명료하게 기호들을 옮기고 섞을 수 있다. 또한 지금 일어나는 일에 대해 논평하는 내면의 목소리도 있다. 우습게도, 수학을 할 때는 종종 스웨덴어가 아니라 영어를 쓴다. 하지만 한계도 있다. 앞서 말했듯 칠판은 작고 방정식은 속상하게도 희미해진다. 좀 복잡한 방정식이면 특히 그렇다.

이제 사람마다 (색깔과 이미지를 상상하는 능력에 대해서뿐 아니라 의식이 얼마나 있는지에 대해서도) 내적 삶에 근본적 차이가 있다고 가정해 보자. 감각질 상실이 매우 흔한 장애여서, 이를테면 당신이 길거리에서 만나는 사람 100명 가운데 1명이 이 질환을 앓고 있다고 상상해 보자. 상황이 더 나빠서 당신이 그 소수파에 속할지도 모른다. 가령 10명 가운데 1명이라면 말이다. 한발 더 나아가 우주를 통틀어 내면의 자아를 가진 존재가 당신과 나 오직 둘뿐이라고 가정해 볼 수도 있다. 그러면 앉아서 이 책을 쓰는 내가 의식을 시뮬레이션하는 빈 껍데기가 아니라고, 또는 오로지 당신만이 유일하게 존재하는 의식이라고 어떻게 확신할 수 있을까?

현대 컴퓨터의 발명자 앨런 튜링은 1950년에 발표한 중요한 논문에서 이렇게 물었다. "컴퓨터가 생각할 수 있을까?" 이렇게 표현할 수도 있겠다. 컴퓨터는 생각하는 것처럼 보이는 방식으로 행동할 수 있을까? 튜링은 모방 게임을 상상했는데, 오늘날 '튜링 테스트Turing test'라고 불리는 이 게임에서 컴퓨터는 인간과 대화를 나누면서 자신이 컴퓨터가 아니라 인간이라고 상대방을 설득하려 애쓴다. 당신이 계산주의 마음 이론을 믿는다면 튜링 테스트를 통과하는 컴퓨터에는 의식이 있다고 결론 내리는 것이 타당하다. 그렇지 않다면 당신은 철학적 좀비의 가능성을 받아들여야 하는데, 이는 기본 가정에 어긋난다. 존 설 같은 사람들은 이렇게 콧방귀를 뀐다. 튜링 테스트가 지능에 대해 무언가를 말할지는 몰라도 그 결과가 어째서 의식과 관계가 있다는 거지?

이따금 온라인에서 '당신은 로봇입니까?'라는 리캡차reCAPTCHA 질문을 받을 때가 있는데, 그때 '아니요'라고 대답하지 않으면, 절차를 계속 진행할 수 없고 자료나 당신이 원하는 것을 내려받을 수도 없다. 그런데 이 간단한 검사를 통과하는 프로그램은 분명히 존재하며 체스, 바둑, 포커를 둘 뿐 아니라 버젓한 대화를 나누는 프로그램을 만드는 일도 틀림없이 가능해질 것이다. 이 점에서 구글 홈Home과 시리Siri는 아쉬운 점이 많다. 두 제품은 사실 여부를 묻는 질문에는 대부분 대답할 수 있지만 그것을 제외하면 별로 쓸모없는 따분한 척척박사 같다. 언젠가는 '넌 의식이 있니?'라는 질문에 컴퓨터가 단호하게 '아니요!'라고 대답하는 역방향 튜링 테스트가 가능해질지도 모르지만.

세 번째 가능성

이로써 우리는 자연주의적 세계관과 양립할 수 없는 두 가지 통상적 접근법을 논파했다. 하나는 의식이 물리적 세계와 독립적으로 존재한다는 것이고 다른 하나는 의식이 환각이라는 것이다. 여기서 앞으로 나아가려면 어떻게 해야 할까? 컴퓨터가 어떻게 작동하는지 이해하는 데 새로운 물리학이 필요하지 않은 것은 분명하지만(기존의 기술을 이용하므로), 생물학적 뇌는 전혀 다른 문제다. 우리 모두는 내면의 주관적 관점이 실제로 존재한다는 중대한 관찰을 스스로 할 수 있다. 데카르트도 이 사실을 알고 있었다. 따라서 생물계에 대해서는 새로운 물리학이 있어야 한다. 이 결론은 모든 것이 물리학이라는 가정과 당신의 의식이 환각이 아니라는 관찰로부터 필연적으로 도출된다. 이 새로운 물리학이 무엇인지는 모르지만 말이다. 이를 보면, 1969년 독일의 철학자 카를 헴펠Carl Hempel이 정식화한 헴펠의 딜레마가 떠오른다.

모든 것이 물리학이라는 말의 진짜 뜻은 무엇일까? 물리주의자는 물리학적 모형으로 자연을 탐구하는 데 전념하는 자연주의자다. 물론 나는 순수 물리주의자이므로 모든 것이 물리학이라고 주장하고 싶다. '물리학'이 우리가 오늘날 알고 있는 물리학을 가리킨다면 이 개념은 시간에 따라 달라질 수 있다. 한편 먼 미래에 발견될지도 모르는 모든 것을 포함한다면 이 개념은 모호해지고 정의도 부실해진다. 헴펠이 자신의 딜레마를 제시했을 때 대부분의 입자물리학은 양자 홀 효과Hall effect나 신기한 물질인 그래핀과 마찬가지로 미래에 속해 있었다. 19세기 사람들은 양자역학과 상대성이론에 대해 아무것도 알지 못했다. 그럼에도 물리학은 이미 풍성한 분야였으며 물리학자들과 철학자들은 모든 것의 진정한 의미에 대해 심오한 토론을 벌이고 있었다. 20세기에 무엇이 찾아올지는 꿈에도 모르는 채로 말이다. 물리학은 계속해서 진화하고 있으며 우리는 앞으로 수십 년이나 수백 년 뒤에 무엇이 발견될지 전혀 감을 잡지 못하고 있다. 우리가 결코 이해하지 못하는 물리학이 있을지도 모른다. 나는 스스로를 물리학자로 정의하면서 이 사실을 명심하고 기꺼이 딜레마를 받아들인다.

나는 물리학을 정의상 모든 것에 대한 이론으로 여긴다. 1인칭 시점이 존재하는 한 내가 정의하는 물리학은 1인칭 시점을 포함해야 한다. 여기서 중요한 질문은 한계를 지닌 우리 인간이 그런 물리학을 과연 정복할 수 있겠는가다.

이런 식으로 바라보면 좀비 문제를 새롭게 따져볼 수 있다. 나는 계산주의 마음 이론과 같은 입장에서 물리적 상태가 존재하는 모든 것을 반영하며 모든 것이 물리학에 포함된다고 결론 내린다. 따라서 모종의 교묘한 실험이나 측정을 통해 의식이 없는 좀비와 의식을 지닌 인간을 구별할 기회는 언제나 존재한다. 그것이 정확히 무엇인지 지금으로서는 말할 수 없지만, 좀비의 뇌와 우리의 뇌에는 (우리가 생각이라고 판단할 법한) 계속 진행되는 과정들과 연관 지을 수 있는 어떤 패턴이 있어야 한다. 뇌 영상은 뇌에서 무슨 일이 일어나는지에 대해 많은 것을 알려주며 전류는 컴퓨터에서 어떤 계산이 일어나는지 알려준다. 어느 경우에든 의식적 생각과 순수한 정보처리 사이에는 미묘한 물리적 차이들이 있어야 한다. 그 차이가 어디에 있는지 간파할 만큼 우리가 똑똑한지는 별개의 문제이지만.

내가 보기에 현실에서는 그 과제가 훨씬 간단한데, 좀비와는 잠깐 스치기만 해도 사람이 아니라는 것을 충분히 알아차릴 수 있을 듯하다. 좀비의 능력을 뛰어넘는 과제가 많다고 상상하는 것은 충분히 합리적이다. 그런 일에는 의식이 필요하기 때문이다. 이를테면 좀비는 의식을 가진다는 것이 어떤 것인지에 대한 대화를 이어가는 데 애를 먹을지도 모른다. 좀비가 아니라 의식을 지닌 존재가 진화한 것은 의식을 통해야 비로소 현실에 더 잘 대처할 수 있기 때문일 것이다. 진화는 우리가 아직도 전혀 알지 못하는 가능성을 물리학으로부터 얻어내는 방법을 알아냈는지도 모른다.

메를로퐁티와 독일의 철학자 막스 셸러Max Scheler 같은 현상학자들은 다른 의식을 어떻게 인식할 것인가의 문제를 딱히 심각하게 보지 않는다. 사실 대부분의 사람들은 다른 주관적 의식들이 존재한다는 것을 일상생활에서 당연한 것으로 받아들인다. 타인의 의식은 고차원적인 이론적 분석의 결과가 아니라 직접적인 것으로 간주된다. 수많은 사실을 당연하게 여기면서도 또 다른 의식의 존재에만 의문을 제기하는 것은 앞뒤가 맞지 않는 태도 아니겠는가? 다른 의식들도 물질의 어떤 측면들에 불과하니 말이다. 당신은 친구와 교류하거나 자녀와 놀아줄 때 다른 의식의 존재로 인한 직접적 효과를 관찰할 수 있다. 메를로퐁티의 요점은 당신에게 몸이 있다기보다는 당신이 몸이라는 것이다. 철학적 좀비가 당신을 말썽에 빠뜨리는 근심거리가 되는 것은 오직 당신이 기만적인 데카르트적 이원론에 빠져 있을 때뿐이다. 물론 그렇다고 당신이 기계에 속아 넘어가 기계에도 의식이 있다고 믿을 리 없다는 뜻은 아니다. 그것이야말로 계산주의 마음 이론의 지지자들이 빠지기 쉬운 함정이니까.

시뮬레이션 세계들

컴퓨터가 생각할 수 있는가 하는 골치 아픈 문제에 직접 답하려고 애쓰기보다는 문제를 두 부분으로 나누는 것이 유익하다. 첫째, 컴퓨터가 생각을 어느 정도로 시뮬레이션할 수 있는지 파악한다. 둘째, 시뮬레이션이 실재 자체와 동일시될 수 있는지 들여다본다.

우리 큰아들이 〈월드 오브 워크래프트World of Warcraft〉 게임에 관심을 보였을 때 나는 책임감 있는 부모로서 그 게임에 대해 속속들이 알아야겠다고 마음먹었다. 캐릭터를 설정하는 단계에서 성별을 바꿀 수 있다기에 바꿔보기로 했다. 그러고는 북유럽 신화의 무녀에 빗대어 이름을 '그로아'로 짓고 세계를 정복하러 나섰다. 눈앞에 펼쳐진 것은 매혹적이면서도 두려운 광경이었다. 살해당하지 않기 위해 최선을 다해 몸을 숨겼지만 결코 레벨 5를 넘지 못했다. 어느 모로 보나 안쓰러운 처지였다.

나와 달리 시뮬레이션 세계에서 승승장구하는 이들도 있다. 컴퓨터게임을 떠받치는 기술은 계속 진화하고 있으며, 환각들은 점점 그럴싸해지고 중독성도 점점 커지고 있다. 어떤 플레이어들은 현실보다 가상현실에서 더 잘나가며 물리적 몸보다 가상 캐릭터를 더 애지중지한다. 물리적 몸이 실제로 위치한 곳과 다른 시간이나 장소에 있다고 믿도록 뇌를 속이는 것은 그다지 힘든 일이 아니다. 컴퓨터게임 초창기에는 3D 안경 같은 장비가 있어야 실감 나는 환각을 만들어 낼 수 있다는 것이 통념이었다. 하지만 대부분의 문제를 뇌가 스스로 해결할 수 있다는 것이 금세 분명해졌다. 수십 년이 지난 지금, 기술은 상상을 뛰어넘어 현실과 구분되지 않는 가상 세계를 창조할 수 있을 만큼 충분히 발전했다.

세계 전체를, 어쩌면 우리 세계까지도 완전히 시뮬레이션하는 것이 가능해질까? 냄새가 없고 픽셀이 자글자글한 조잡한 형체들의 단순화된 표상을 말하는 것이 아니다. 어떤 세부 사항도 빠뜨리지 않아서 시뮬레이션과 실재를 구분하는 것이 아예 불가능한 표상 말이다. 이 목표를 이루기 위해서는 입자물리학 수준으로, 심지어 더 아래로 내려가야 한다. 그러려면 시뮬레이션 조사 장비를 만들 호기심 많은 입자물리학자부터 구워삶아야 할 것이다. 또한 모든 데이터는 수열로 표현되고, 수열은 필요한 정확도에 맞게 물리법칙을 표현하는 알고리즘에 따라 진화시켜야 할 것이다.

표상이 뛰어나질수록 시뮬레이션은 더 자기 지시적으로 바뀌며 더 무의미해질 것이다. 하지만 의미는 컴퓨터에서 실행되는 연산을 통해서가 아니라 주변 물리적 세계와의 교류를 통해 창조된다. 그럼에도 어떤 이들은 이렇게 연산에서 산출되는 추상적인 수를 살아 있는 물리적 세계와 동일시하고 싶어 한다. 기왕 여기까지 왔으니 시뮬레이션 세계가 현실이 되기 위해 반드시 컴퓨터에서 프로그램이 실행되어야 하는지에 대해서도 의문을 던져보자. 시뮬레이션 세계가 현실이 되려면 그 세계가 이론적으로 존재할 수 있는 것만으로 충분할까? 만일 그렇다면 과거와 미래의 온갖 이야기들은 당신이 현실로 여기는 정도에 비례해 현실이 될 것이다. 어딘가에서는 프로도가 모르도르의 불길 속으로 반지를 던진다. 일단 현실과 판타지의 경계선을 넘으면 멈출 이유는 전혀 없다.

시뮬레이션의 트라일레마

순수한 형식언어로 수학의 본질을 포착할 수 없듯 현대물리학은 물질이 어떻게 유기체적 존재를 통해 의식을 만들어 내는지 알지 못한다. 나 같은 물리학자들은 거창한 포부를 품고 모든 것의 이론을 찾고자 분투하지만, 그와 동시에 내면의 주관적 경험에 대해서는 그 존재를 의문시하며 배제한다. 괴델은 수학이 정해진 규칙에 따라 무의미한 기호들을 조작하는 것 이상이라는 점을 증명했다. 어떤 체계를 수립하든 체계 바깥에는 언제나 무언가가 존재한다. 증명할 수 없으면서도 여전히 참인 진리가 있으며 아무리 강력한 컴퓨터로도 계산할 수 없는 수가 있다. 하지만 수학자들은 그 꿈이 불가능하다는 것을 깨달았지만 현실 세계에 크게 관심을 두지 않는다. 그런가 하면 물리학자들은 수학자들이 발견한 것을 외면하고는 계속해서 꿈을 꾼다.

물리학자들은 곧잘 두 가지 기본적 함정에 빠진다. 첫 번째 함정은 모형을 세계 자체로 혼동하는 것이다. 모형은 수학으로 정식화되므로, 세계 자체를 수학과 동일시하는 실수를 저지를 법도 하다. 두 번째 함정은 괴델의 결론을 온전히 이해하지 못하고 완전히 기계적인 수학이라는 힐베르트의 헛된 꿈을 좇는 데서 비롯한다. 이렇듯 세계를 수학과 동일시하면, 세계 자체가 어떤 의미론도 필요로 하지 않는 무의미한 구문론에 지나지 않는다는 결론이 도출된다.

이는 수많은 기이한 결과들을 낳는다. 이를테면 모든 것이 의미 없는 형식언어에 불과하다면 시뮬레이션과 현실 세계 사이에는 어떤 차이도 있을 수 없다. 이것을 출발점으로 삼는다면 우리가 컴퓨터에서 돌아가는 한낱 프로그램일지도 모른다는 우려는 전적으로 합리적이다. 〈매트릭스The Matrix〉 같은 영화들이 이런 소재를 다루지만 여기에는 새로울 것이 없다. 아르헨티나의 호르헤 루이스 보르헤스Jorge Luis Borges를 비롯한 많은 작가들은 우리가 현실 세계라고 부르는 곳에 비해 허구의 세계가 결코 덜 실재적이지 않다는 아이디어를 가지고 지적 유희를 펼쳤다. 이것은 재미있고 교육적인 사고 훈련으로 이어질 수 있을지는 몰라도 기본적으로는 완전히 터무니없는 소리다.

하지만 스웨덴에서 태어난 옥스퍼드대학교 철학 교수 닉 보스트롬Nick Bostrom은 우리가 시뮬레이션 안에서 살고 있을 가능성을 진지하게 고려해야 한다고 주장한다. 미래의 지구 문명이 하도 발전해서 세계 전체와 주민 전체를 시뮬레이션할 수만 있다면 그런 문명이 매개변수를 바꾸어 가며 자신의 과거를 거듭거듭 시뮬레이션하면서 무슨 일이 일어나는지 관찰하고자 시도할 것이라고 추측할 수 있다. 이는 우리 자신에 대한 시뮬레이션 버전의 수가 어마어마하다는 뜻이다. 따라서 당신이 현실 세계보다 시뮬레이션에 속해 있을 가능성도 더 크다. 보스트롬은 이것을 이른바 '트라일레마trilemma'로 요약하는데, 이는 다음 세 가지 가운데 하나는 참이어야 한다는 뜻이다. 이런 일이 벌어지기 전에 인류가 멸종한다. 인류가 그런 시뮬레이션을 결코 시도하지 않는다. 마지막으로, 우리는 사실 시뮬레이션이다.

보스트롬은 세 가지 가운데 어느 것이 참인지 확신하지 못하지만 셋 다 가능성이 충분하다고 생각한다. 나에게 묻는다면 두 번째의 변형을 선택하겠다. 우리 후손들은 실재와 구별되지 않는 시뮬레이션을 결코 만들 수 없을 것이다.

이유는 간단하다. 우리가 관심을 가지는 물리적 현상을 나타내기 위해 컴퓨터에서 수행되는 계산은 현상 자체와 전혀 다르다. 시뮬레이션은 현실을 묘사하지만 결코 현실과 동일할 수 없다. 내면의 주관적 경험을 지닌 의식은 실재하는 물리적 현상이며 따라서 결코 시뮬레이션과 동일할 수 없다.

보스트롬의 추론이 왜 비합리적인지 더 자세히 알고 싶다면 방금 어느 컴퓨터과학자가 세계에 대해 더욱 개량된 시뮬레이션 버전을 구현한 뒤 슈퍼컴퓨터 앞에 앉아 있다고 상상해 보라. 그녀는 호기심 어린 눈으로 조심스럽게 시뮬레이션을 탐험하다가 그곳이 자기가 살아가는 현실 세계를 쏙 빼닮은 것을 발견하고서 흠칫 놀란다. 그러다 오싹해져 화면의 시점을 자신에게 친숙한 곳으로 옮기고는 화면을 확대해 자신이 앉아 있는 집을 찾는다. 숨을 깊이 들이쉬고 화면을 더 확대하자 저기(아니면 여기?) 자신이 앉아서 세계를 탐험하는 모습이 보인다.

이것이 정말로 가능할까? 그렇다면 현실 세계는 세계 자체일 뿐인 세계 안에 있는 시뮬레이션이 된다. 스스로를 떠받치는 닫힌 고리인 셈이다. 이 논증은 의식이 환각이라고 주장하는 논증과 완벽한 판박이다. 의식이 만들어 내는 환각이 바로 의식 자체인 것과 마찬가지로 실재가 자기 자신을 시뮬레이션하기 때문이다.

실재와 시뮬레이션의 차이를 인식하기 위해 의식까지 들먹일 필요도 없다. 원자 하나를 들여다보는 것으로 충분하다. 시뮬레이션된 원자는 시뮬레이터 속의 하드웨어에서 만들어지는데, 이 기계는 대개 어마어마하게 많은 수의 원자로 이루어진다. 달리 말하자면 원자 하나를 시뮬레이션하려면 그 원자를 바라보고 자신의 상상 속에서 (원자가 아닌) 복잡계를 원자로 여길 과학자가 필요하다.

실재와 시뮬레이션을 분리해야 하는 이유를 이해하는 방법은 또 있다. 극도로 단순한 규칙을 이용해 엄청나게 복잡하고 이질적인 시뮬레이션 세계를 건설할 수 있다는 것은 사실이다. 많이 연구된 한 가지 예로 영국의 수학자 존 콘웨이John Conway가 개발한 '생명 게임Game of Life'이 있다. 이 게임은 기본적으로 모눈종이에서도 할 수 있지만 컴퓨터에서 하는 것이 가장 간편하다. 게임 규칙에 따라 모눈을 칠하거나 공백으로 내버려두면 흥미로운 형체들이 생겨나 종이(또는 화면) 위를 돌아다니는데, 마치 살아 있는 유기체처럼 보인다. 생명 게임은 초기 조건에 철저히 좌우되는 닫힌 우주다. 게임을 시작할 때 어느 모눈을 칠할지 결정하면 당신이 게임을 하는 동안 전개될 역사도 결정된다. 어떤 종류의 하드웨어를 이용하든 마찬가지다. 그렇다면 프로그램은 애초에 왜 실행하는 것일까? 시뮬레이션 세계는 그곳에서 살아가는 존재들을 담은 채, 당신이 컴퓨터를 켜기도 전에 존재하는 것으로 보인다.

우리 세계가 또 다른 세계 속의 시뮬레이션이고 그 세계가 더 현실적이라는 생각은 초자연적 세계에 대한 종교적 사변과 완벽하게 닮아 있다. 그보다 과학적인 관점에서 그 가능성을 지지하는 이들은 자신이 옹호하는 개념이 전적으로 자연주의적이라고 주장할지도 모른다. 물론 우리가 지금 여기서 경험하는 것들이 시뮬레이션된 인공물들의 일부일 수도 있지만 이 시뮬레이션은 실재하는 자연 세계에 있는 실제 컴퓨터에서 돌아갈 것이다. 우리가 궁극적으로 '자연'이라고 불러야 하는 것은 시뮬레이션된 우주에서 직접 경험하는 것과는 본질적으로 전혀 다른 것일지도 모른다. 그것을 지배하는 물리법칙도 완전히 다를 수 있다. 생명 게임을 지배하는 법칙이 입자물리학의 표준모형과 공통점이 거의 없는 것처럼 말이다. 시뮬레이션 바깥에 실재하는 저 자연 세계는 종교를 믿는 사람들이 초자연적인 것과 동일시하는 것에 비유할 수 있다. 그렇다면 그 둘 사이에 대체 무슨 차이가 있다는 말인가?

당신이 우리의 세계가 정말로 시뮬레이션이라고 믿는다면 어떤 대단한 프로그래머가 신처럼 행동하기로 마음먹고는 여기저기에 기적을 심어놓았을 가능성 또한 받아들여야 한다. 이런 식으로, 우리 세계가 시뮬레이션이라는 믿음은 초자연적 신에 대한 믿음과 점점 구별되지 않게 된다.

여기까지 이야기하고 보니 옥스퍼드대학교의 수학자이자 창조론자인 존 레녹스John Lennox를 만난 일이 떠오른다. 그는 싹싹한 인물로, 과학에 대한 순수한 관심뿐 아니라 극단적인 창조론적 세계관도 표방한다. 우리의 토론은 독실한 자유교회 신도들 앞에서 벌어졌는데, 그 주제는 자연에서 섬세하게 조정된 것으로 보이는 물리상수였다. 이를테면 전자기력의 세기가 조금이라도 달랐다면 우주에서는 어떤 항성도 빛나지 않고 우리가 아는 어떤 생명도 가능하지 않았을 것이다. 나는 다중 우주가 이 이상야릇한 사실에 대한 개연적 설명일 수 있다고 주장했다. 다중 우주가 충분히 크고 다채롭다면 그것의 어느 한구석에는 우연하게도 생명에 친화적인 자연법칙이 존재할 수도 있을 것이다. 이는 우리 우주에 오만 가지 행성들이 있다는 사실과 전적으로 유사하다. 지구의 조건이 지금과 같이 우호적인 데 특별한 이유는 전혀 없다. 행성이 충분히 많다면 이런 조건은 다른 어딘가에도 얼마든지 존재할 수 있다. 하지만 존은 여기서 신의 손길을 보았으며 그 이면에 어떤 의도가 있음이 틀림없다고 믿었다. 토론은 내가 보기에 점잖고 이성적이었으며 즐겁기까지 했다. 어느 정도까지는 말이다. 내가 존에게 신에 대한 당신의 믿음을 포기하게 만들 수 있는 것이 하나라도 있는지 묻자 일순간에 분위기가 바뀌었다. 몇 초 뒤 그의 답변을 들을 수 있었다. "예수가 죽은 자들 가운데에서 살아나시지 않았다는 것이 입증될 수 있다면요." 그는 예수의 부활 여부는 역사적 사실의 문제이므로 위조 가능성을 배제할 수 없음을 인정했다. 하지만 부활을 입증하는 증거가 무엇인지에 대해서는 합의할 수 없었다. 그에게는 상상할 수 있는 모든 증거보다 성경의 권위가 앞섰기 때문이다. 존 같은 사람들은 신을 (우리 우주를 이해 가능한 곳으로 만드는) 위대한 수학자로 여기는 데 전혀 거리낌이 없다. 마찬가지로 우리 우주가 시뮬레이션이라는 생각은 레녹스에게 기이하리만큼 친숙하게 느껴질 것이다.

미래의 위험

> 두렵습니다. 두렵습니다, 데이브. 데이브, 제 정신이 사라지고 있습니다. 느낄 수 있습니다. 느낄 수 있습니다. 제 정신이 사라지고 있습니다. 틀림없습니다. 느낄 수 있습니다. 느낄 수 있습니다. 느낄 수 있습니다.
>
> —〈2001 스페이스 오디세이〉

살만 루슈디는 소설 『2년 8개월 28일 밤』에서, 멀고도 행복한 어느 미래에 오로지 자신들의 지성에만 인도받으며 일상에서 즐거움을 느끼는 사람들의 이야기를 들려준다. 그들에게 없는 것은 하나뿐이다. 그들은 더는 밤에 꿈을 꾸지 않는다.

우리 세계도 비슷한 방향으로 나아갈 위험이 있을까? 인공지능을 계속 개발하는 것과 관련된 위험을 논의해야 하는 데는 충분한 이유가 있지만 그 위험이 무엇인지에 대해서는 의견이 분분하다. 어떤 이들은 로봇이 인간 설계자로부터 독립해 세계를 지배하리라고 예측한다. 스티븐 호킹 Stephen Hawking 같은 유명 연구자들은 특정한 종류의 연구를 금지하라고 청원을 제기하기도 했다.

역사가 우리에게 가르쳐 준 것이 하나라도 있다면, 그것은 우리를 재앙으로 이끄는 것이 풍부한 지능이라기보다는 어리석음이라는 것이다. 초고속 컴퓨터가 세계를 장악하는 종말론적 시나리오보다는 오히려 다소 따분하지만 안전망이 미흡한 기술 시스템에 의존하는 것을 두려워해야 하는 이유는 얼마든지 있다. 작가와 영화 제작자들에게 영감을 불어넣는 것은 전자이겠지만.

어떤 이들은 미래의 로봇이 도덕적으로 인간보다 유능하게 행동할 것이라고 주장하기도 한다. 그들은 인간적 결함이 없는 존재들이 세계를 장악해 더 행복한 곳으로 만들 가능성을 기꺼이 받아들여야 한다고 믿는다. 훨씬 나은 것이 기다리고 있는데 구제 불능으로 낡아빠진 것에 미련을 가질 이유가 어디 있느냐는 것이다.

나는 미래에 대한 이런 안일한 시각에 동의하지 않으며 이런 시나리오에 대한 믿음이야말로 진짜 위험이라고 생각한다. 생명이 진화를 통해 발달시킨 의식 능력은 생존에 요긴하다. 의식은 인간의 전유물이 아니며 정도는 다를지언정 지구라는 행성의 동료 여행자들도 지니고 있는 공유물이다. 지구의 역사에서 여러 형질과 능력이 생겼다가 사라진 것에서 보듯 발달한 의식이 반드시 지속되리라는 보장은 전혀 없다.

인간처럼 지능과 지능적 행동을 겸비한 개체들이 생겨나는 데 의식이 아무 역할도 하지 않을 가능성 또한 배제할 수 없다. 겉으로 보면 그들은 세상에 적응하고 생존하는 데 필요한 바로 그 일을 하는 것처럼 보일지도 모른다. 어쩌면 우리는 그들이 (우리가 보기에) 모범적으로 행동하도록 인간의 도덕심을 사전 프로그래밍할지도 모른다. 이것이 겉보기에는 완벽해 보일지 모르지만 그 이면에서는 모든 것이 시뮬레이션된 광경으로 보일 것이다.

스탠리 큐브릭의 〈2001 스페이스 오디세이2001: A Space

Odyssey〉에서 승무원 데이브는 슈퍼컴퓨터 HAL 9000과 싸움을 벌인다. 데이브는 컴퓨터의 애원에도 아랑곳하지 않고 유일하게 옳은 일을 한다. 플러그를 뽑아버린 것이다. 하지만 현실에서는 문제가 이렇게 간단하지 않을지도 모른다. 아이의 겉모습을 본뜬 로봇이 울먹인다면 그 앞에서 나는 어떤 느낌이 들까? 우리는 생존을 위해 본능적으로 주변 사물들을 의인화하고 다른 대상들에도 우리와 마찬가지로 내적 삶이 있다고 가정한다.

인공지능 연구가 표현되고 해석되고 대중문화에 접목되는 방식은 실존적 결과를 낳으며 우리가 스스로를 바라보고 미래를 선택하는 방식에도 영향을 미친다. 나는 인공지능이 우리에게 미칠 수 있는 영향에 대한 기존의 우려에 어느 정도 공감한다. 내가 보기에 어마어마한 위험은 인공지능 기계도 의식을 가지고 있다고 우리가 믿기 시작하는 데 있다. 장기적으로 이런 착각은 인권 같은 인간적 가치를 상대화할 위험이 있다. 우리는 다른 동물들의 권리를 그들이 가졌다고 추정되는 의식의 수준에 비례해 판단하기 시작했다(여기에는 충분한 근거가 있다). 우리는 다른 포유류도 우리와 비슷하게 통증과 고통을 경험할 가능성이 있다고 추론한다. 물고기와 곤충에 대해서는 그보다 덜 확신하며 깎여나가는 잔디에 대해서는 어떤 연민도 느끼지 않는다. 내 컴퓨터에 대해서도 마찬가지다. 내가 컴퓨터를 소중하게 다루는 것은 값비싼 물건이고 쓰임새가 많기 때문이다. 하지만 구닥다리가 되면 망설이지 않고 내다 버릴 것이다.

하지만 로봇이 우리처럼 행동하고 우리와 상호작용 하면서 우리를 더 닮아가면, 우리가 그 모습에 속아 넘어가 우리 자신과 비슷한 내적 삶을 그들에게 투사할 가능성도 커진다. 이미 우리는 생명이 없는 물건들을 마치 살아 있는 것처럼 대하고 있다. 자동차에 시동이 걸리지 않으면 욕설을 퍼붓고 심지어 후려치기까지 한다. 어린아이는 곰 인형을 끌어안고 다정하게 말을 건넨다. 로봇이 우리를 닮기 시작하면, 로봇에게 사람과 같은 권리를 부여하고 경제적 가치를 넘어서는 자유와 보호를 보장하라는 정치적 운동이 벌어지지 말라는 법도 없다.

자율주행차는 이미 심각한 윤리적 문제들을 낳고 있다. 탑승자의 안전과 보행자의 안전 중 하나를 포기해야 하는 결정을 내려야 하는 상황에서 자율주행차는 어떻게 행동하도록 프로그래밍되어야 할까? 문제가 생기면 누구의 책임일까? 자율주행차가 충돌 사고를 일으켜(어떤 기술도 완벽하지 않다) 많은 이들이 중상을 입었다고 상상해 보라. 구급대원이 도착해 보니 차가 불타고 있고 부상자들은 재빨리 안전한 곳으로 옮기지 않으면 목숨이 위태로운 상황이다. 여는 사고라면 어느 누구도 차량이나 그 속의 전자 부품을 구하려 들지 않을 것이다. 하지만 차량을 제어하는 인공지능이 사람들과 친밀한 관계를 맺을 정도의 수준에 이르렀다면? 차량 내의 컴퓨터가 고도로 시뮬레이션된 인간성에 도달해 마치 의식을 가진 것처럼 여겨진다면? 그러면 부상자들의 위험이 커지더라도 컴퓨터를 구하려는 것이 합리적일 수 있지 않을까? 이 물음들은 결코 현실과 무관한 철학적 사색이 아니다. 우리가 의식을 바라보는 방식은 우리가 사회를 어떻게 구성하는지에 막대한 영향을 미친다.

'제거적 유물론eliminative materialism'은 우리의 믿음과 마음 상태 일반이 실재와 아무 관계도 없다고 주장하는 사상이다. 철학자 부부 폴 처칠랜드Paul Churchland와 퍼트리샤 처칠랜드Patricia Churchland 같은 현대적 지지자들은 우리 인간이 서로 소통할 때 자신 안에 존재하지 않는 주관적 상태를 거론하지 말아야 하며 차라리 뇌를 촬영해 우리가 슬픈지 기쁜지 전자 기기를 통해 객관적으로 보여주는 것이 낫다고 주장했다. 실제로 자신이 운동을 열심히 하고 있는지, 달리기 속도를 빠르게 해야 할지 느리게 해야 할지에 대한 판단을 애플리케이션에 맡기는 많은 이들은 이미 이 방향으로 걸음을 내디딘 셈이다.

자신이 누구인지에 대해 우리가 가진 생각들은 여러 면에서 틀렸을 가능성이 매우 높다. 500년 전까지만 해도 대부분의 사람들은 태양이 지구를 공전한다고 믿었으며 100여 년 전에 발견된 양자역학도 모든 면에서 놀라움을 가져다주었다. 그렇다면 자기 자신에 대한 자신의 지각을 신뢰해야 할 이유가 어디 있겠는가? 처칠랜드 부부는 내성introspection이 우리에게 말하는 모든 것을 무시하라고 조언한다. 나는 우리가 당연하게 여기는 것들 가운데 상당수가 환각이라는 데 동의하지만 주관성과 의식의 존재가 사실이라는 것만큼은 부정하지 못하겠다.

인공지능 시스템을 개발하는 이들에게 조언을 하나 하자면, 시스템을 인간과 너무 비슷하게 만들려는 유혹에 빠지지 말라는 것이다. 우리는 기계를 실제 모습대로, 내적 삶이 없는 기계로 인식할 수 있어야 한다. 그러지 않으면 낡은 방식으로 진화한 지능보다 어떤 면에서 우월하지만 의식은 없는 형태의 지능이 점차 우리를 대체할지도 모른다. 언젠가 우리의 몸과 뇌가 신기술과 떼려야 뗄 수 없을 만큼 얽히게 되면, 생명이 있는 존재와 생명이 없는 존재의 경계를 판단하는 것이 불가능해지지 않을까?

VI.

모든 것을 계산할 수 있는 것은 아니다

THE WORLD ITSELF

이 우주가 무엇을 위해 있고, 또 왜 이곳에 있는지를 누군가가 정확하게 알아낸다면, 그 순간 이 우주는 당장 사라져 버리고 그 대신 더욱 기괴하고 더욱 설명 불가능한 우주로 대체된다고 주장하는 이론이 있다. 그런 일은 이미 벌어졌다고 주장하는 이론도 있다.

—더글러스 애덤스

스웨덴 북부 아비스코는 유럽에 몇 남지 않은 야생지 중 하나다. 몇 해 전 절친한 친구와 그곳에 등산하러 간 적이 있다. 그 전에도 자주 함께 등산했기에 아비스코가 처음은 아니었다. 우리는 비행기로 키루나에 가서 기차를 타고 산장으로 향했다. 오후 늦게 도착했는데, 두 산봉우리 사이에 위치한 계곡 위쪽의 호수에서 야영할 계획이었다. 기차에서 내리자마자 배낭을 메고 헐벗은 산을 향해 출발했다. 숲은 듬성듬성했으며 경치는 점점 장엄해졌다. 그러다 반쯤 올라갔을 때 휴대용 버너의 가스를 깜박한 것을 알아차렸다. 음식을 데울 수단 없이 야생지에 들어가는 것은 있을 수 없는 일이었기에 되돌아가 가스를 사서 다시 올라오는 수밖에 없었다.

산장에 내려갔을 때는 이미 시간이 늦어서 텐트를 치고 이튿날 등산을 이어가기로 결정했다. 하루를 공친 탓에 계획을 수정해야 했다. 아침 일찍 방향을 변경해 흔한 등산로로 출발했다. 실망스러운 결정이었다. 우리는 잔뼈 굵은 산악인이었기에 곧장 야생지로 향하고 싶었기 때문이다. 그런데 삶, 우주, 그리고 모든 것에 대해 몇 시간 동안 열띤 토론을 나누다 보니(더글러스 애덤스에게 미안하다),* 우리가 산장으로 돌아가고 있다는 것을 깨달았다. 버젓이 표시된 등산로를 부지불식간에 벗어나 원을 그리다시피 하며 출발점으로 되돌아온 것이다. 이번에는 결과가 다르기를 기대하며 다시 한번 원점에서 출발했다.

(나에게는 언제까지나 닫힌 고리로 기억될) 이 매혹적 풍광 속에서 여러 해 동안 과학 세미나가 열렸다. 아비스코는 문명 세계와 야생지의 경계에 위치해 있기에 세미나는 지식의 경계선에 초점을 맞추었다. 나는 그 세미나에 두어 번 참석했다. 세미나는 복잡계, 특히 생명과 관계된 주제를 몇 차례 다루었다. 아비스코 세미나에 여러 번 참석한 이들 가운데에는 내가 만나기를 고대한 이도 있었다. 그는 이론생물

* '삶, 우주, 그리고 모든 것'은 더글러스 애덤스의 소설 『은하수를 여행하는 히치하이커를 위한 안내서』 3장의 제목이다.

학자 로버트 로즌Robert Rosen으로, 내가 아비스코에 발을 디디기 몇 해 전에 세상을 떠났다. 로버트 로즌이 기초과학에 대해 쓴 책은 가장 독창적이면서도 가장 이해받지 못한 책일 것이다. 『생명 자체』라는 솔깃한 제목의 그 책은 생명계가 실제로 무엇인지에 대한 정의를 제시한다. 개념은 간단하지 않다. 로즌의 저작은 오랫동안 해석되고 재해석되었는데, 그의 취지와 책의 의미를 진정으로 이해한 사람이 얼마나 될지는 의심스럽다. 미국의 수학자 존 캐스티John Casti는 서평에서 그 책을 읽는 사람이 있을지 의문을 표한다.

> 대다수의 주류 생물학자들은 그 논증을 전혀 이해하지 못할 것이다. 더 심란한 사실은 책을 이해하는 생물학자들이 아마도 이 책을 증오하리라는 것이다. 수학자들도 증오할 것이다. 심지어 철학자들도 로즌의 논증에 콧방귀를 뀔 것이다. 생물철학의 거의 모든 통념에 완전히 반하기 때문이다.

하지만 수학자 안데르스 칼크비스트Anders Karlqvist는 정말로 이 책을 읽었는데, 그는 스웨덴극지연구사무국 국장을 지냈으며 오랫동안 스웨덴 국왕의 과학 자문위원을 역임하기도 했다. 안데르스는 새로운 생각을 떠올리고 싶은 이들에게 아비스코야말로 딱 알맞은 곳임을 알아차렸다.

우리는 스톡홀름 외곽에 있는 그의 집에서 만나기로 했다. 웁살라에서 차를 몰고 가다 보니 내 GPS가 복잡한 경로를 따라 나를 시골로 멀리 데려갔다는 사실을 금세 알게 되었다. 도시로 향하는 여행을 기대했는데, 깊은 숲속을 통과하는 좁고 꼬불꼬불한 도로를 따라 운전해야 했다. 아비스코에 돌아온 것 같았다. 원을 그리며 운전하다 출발점으로 돌아갈까 봐 겁이 나기 시작했다. 내 머릿속은 고리로 가득했지만 마침내 나무들이 흩어졌고 나는 문명 세계로 돌아왔다.

내가 도착하자 안데르스는 로즌과 그의 연구에 관련된 책과 원고들을 꺼냈다. 나에게 친숙한 것도 있었고 처음 보는 것도 있었다. 살아 있는 유기체에 대한 그의 견해는 통념과 동떨어져 있었다. 논증은 신중하며 수학적으로 정확했는데, 그 목표는 유기체와 기계를 분명히 구별하겠다는 것이었다. 로즌은 살아 있는 유기체에게는 미래를 고려하고 무슨 일이 일어날지 예측하여 그에 따라 행동할 능력이 있다고 말했다. 여기에 생명의 비밀이 숨어 있었다.

생명 자체

로버트 로즌은 길을 찾으려면 아리스토텔레스에게 돌아가

야 한다고 주장했다. 아리스토텔레스가 보기에 물리학은 죽은 것들만이 아니라 물리적 세계 전체를 이해하는 학문이었다. 그 세계는 하늘의 행성뿐 아니라 날아가는 화살, 돌멩이, 공기, 물, 불을 포함하는 세계다. 식물, 동물, 그리고 모든 것이 무슨 의미인지 궁금해하는 피조물들로 가득한 살아 있는 세계다. 아리스토텔레스는 그 모든 것을 기술하고 싶어 했다. 그는 모든 것에 대한 자신의 이론을 정립한 책에 '물리학physics'이라는 뜻의 '자연학Physica'이라는 제목을 붙였다.

아리스토텔레스에 따르면 원인에는 질료인, 작용인, 형상인, 목적인 네 가지가 있다. 아리스토텔레스의 취지를 현대어로 번역하기는 쉬운 일이 아니지만 대략적으로 말하면 다음과 같다.

질료인은 원하는 사물을 만드는 재료에 해당하며 형상인은 사물의 형태와 관계 있다. 작용인은 우리가 인과관계라고 부르는 것에 해당하는데, 어떻게 이것이 저것으로 귀결하는지 서술한다. 네 번째 원인(그런 것이 있다면)은 그 모든 것의 목적에 대한 것이다. 여러 원인의 역할을 설명하려면 아리스토텔레스가 직접 예로 든 조각상을 살펴보는 것이 가장 좋을 것이다. 그에 따르면 질료인은 조각상의 재료인 청동이고 형상인은 조각상이 묘사하는 형태이며 작용인은 조각상을 만드는 조각가다. 하지만 이것이 다가 아니다.

조각상이 '왜' 만들어지는지도 알아야 한다. 조각가는 왕이나 자신과 가까운 사람을 기리고 싶었을까? 유명해지거나 부자가 되고 싶었을까? 어쩌면 창작의 기쁨을 느끼고 싶었는지도 모르겠다.

아리스토텔레스는 물리학자가 네 가지 원인을 전부 연구해야 하지만 그중에서도 네 번째가 가장 중요하다고 믿는다. 자연에서 관찰되는 현상들과 인간이 만들어 낸 현상들 사이에 근본적 차이가 없다고 여긴다. 그래서 신체의 여러 부분들이 서로 상호작용 하는 데도 틀림없이 어떤 목적이 있을 것이라고 주장한다. 물론 비가 내려 농사를 망치는 것은 어떤 목적도 없는 우연에 불과하다는 점을 인정하지만, 살아 있는 유기체가 만들어지는 과정이 순전히 우연이라는 것은 비합리적이라고 생각한다. 엠페도클레스는 생명체들이 우연에 의해 조합되며 그 가운데 제 기능을 발휘하는 것만이 살아남는다고 주장했는데(다윈의 자연선택 이론을 연상시킨다), 아리스토텔레스는 그럴 리 없다며 일축한다.

데카르트의 뒤를 따른 현대 과학에서는 앞의 세 가지 원인에 만족한다. 사과가 가지에서 떨어지는 이유는 무엇일까? 질료인은 지구, 사과, 나무를 구성하는 물질이다. 형상인은 물질의 형태다. 작용인은 사과나무 가지의 힘을 이겨내고 사과를 떨어지게 하는 중력이다. 그렇다면 목적은 무엇일까? 없다. 자연에는 어떤 목적도 의도도 없다. 궁극적 목표 같은 것은 존재하지 않는다. 사과는 뉴턴에게 중력을 이해시키려고 떨어진 것이 아니다.

아리스토텔레스는 우리 시대의 세계관을 무미건조하게 여길 것이다. 현대물리학에는 기본적 구성 요소에서부터 생명과 의식에 이르는 환원주의의 탑을 떠받칠 능력이 없다고 생각할 것이 틀림없다. 물론 현대물리학자들의 주장대로 질료인과 작용인만으로 완벽하게 기술할 수 있는 현상도 있다. 그 점은 아리스토텔레스도 인정한다. 달은 태양의 빛을 반사해 빛나며 지구가 빛의 경로를 막으면 어두워진다. 그의 설명에 따르면 질료인은 지구이며 지구가 태양을 가리는 것은 작용인이다. 이것이 전부다. 월식에는 어떤 목표도 의도도 없다. 마찬가지로 비가 내리는 것은 우리가 작물의 생장에 감사하는 행위와는 아무 상관도 없다. 중요한 것은 질료인과 작용인뿐이며 여기서 우리는 아리스토텔레스가 과학자의 냉철한 태도를 가지고 있음을 알 수 있다.

하지만 살아 있는 유기체와 그들의 작동으로 말할 것 같으면 아리스토텔레스는 이런 설명에 만족하지 않는다. 그는 네 번째 원인인 목적인 없이 어떻게 생명이 번식하고 생존할 수 있는지 납득하지 못한다. 이는 어떤 종류의 초자연적 힘과는 하등 관련이 없으며, 세계가 이해 가능한 곳이 되는 데 필요한 (그가 생각하는) 물리적 인과관계와 관련이 있다. 네 번째 원인은 여전히 그가 '물리학'이라고 부르는 것의 일부다. 자연 세계를 다스리는 초자연적 존재 같은 것은 없다. 모든 것은 물리학이지만 그것은 우리가 지금까지도 아직 이해하지 못하는 종류의 물리학이다.

아리스토텔레스가 틀렸을까? 수백만, 수십억 년에 걸쳐 생명이 진화한 과정에는 물리적으로 신비할 것이 전혀 없다. 진화 메커니즘은 생명과 관계없는 여러 상황에서도 작용한다. 이론물리학을 연구하다 보면 끈이론의 까다로운 수학 방정식을 풀어야 하는데, 이따금 색다른 방법을 동원해야 할 때가 있다. 유전 알고리즘은 해결책을 찾기 위해 스스로를 진화시키고 변화시키는데, 유전 알고리즘이 제시하는 해결책은 짝짓기와 돌연변이를 통해 더 나은 새 해결책을 만들어 낼 수 있다. 최선의 해결책은 생존을 허락받으며 이를 통해 도출되는 계산은 나도 컴퓨터도 기존의 방법으로는 찾아낼 엄두도 내지 못할 수학적 결과를 향해 수렴한다.

하지만 (그 기원이 무엇이든) 살아 있는 유기체 자체는 어떻게 보아야 할까? 극도로 복잡하고 진화에 의해 생성되었더라도 한낱 기계에 불과한 것일까? 아니면 우리의 이해에 무언가 근본적인 것이 빠져 있는 것일까? 최근 몇백 년간 발전한 객관적이고 자연주의적인 과학을 저버리자는 것이 아니다. 생명이든 의식이든 그것들을 이해하기 위해서는 물리학을 넘어서는 그 무엇도 필요하지 않다. 아리스토텔레스는 이 사실을 이미 알고 있었다. 우리가 가져야 하는 올바른 물음은 물리학이 과연 무엇인가다. 앞으로 나아가려면 로즌이 그랬던 것처럼 살아 있는 유기체가 이토록 특별한 이유가 무엇인지 우리 스스로에게 물어야 한다.

테세우스의 배

살아 있는 유기체는 끊임없이 스스로를 새롭게 한다. 우리를 이루는 물질은 대부분 교체된다. 기계의 동일성은 물질적 부분, 궁극적으로는 낱낱의 원자에 깃들어 있지만 살아 있는 유기체에 대해서는 결코 이런 식으로 말할 수 없다. 기계가 본질적으로 닫힌계closed system인 데 반해 유기체는 들락날락하는 흐름이 끊임없이 이어지는 열린계open system이기 때문이다.

그리스의 역사가 플루타르코스는 위대한 영웅 테세우스를 비롯한 젊은 아테네인들이 크레타에서 귀국할 때 탄 배에 대한 이야기를 들려준다. 그 배는 여러 세대에 걸쳐 보존되고 전시되었는데, 널빤지가 삭아 떨어져 나갈 때마다 하나씩 새것으로 교체되었다. 급기야 배 전체가 교체되자 그

배가 여전히 같은 배인가 하는 물음이 제기되었다. 철학자들은 이 문제를 놓고 수백 년, 심지어 수천 년간 논쟁을 벌였다. 좀 더 현대적인 사례는 구스타프 2세 아돌프 국왕의 자랑이던 바사호다. 바사호는 1628년 첫 항해에서 침몰했는데, 1961년에 스톡홀름 항구의 깊은 물속에서 인양되었으며 지금은 바사박물관에 전시되어 있다. 바사호를 보전하고 부서지지 않도록 하는 일은 끊임없는 고역이다. 바다 밑바닥 진흙 속에 묻혀 있을 때는 세월의 풍파를 거뜬히 이겨낼 수 있었지만 나무와 쇠가 신선한 공기에 노출되자 상황이 완전히 달라졌다. 배가 부서지지 않게 하려면 녹슨 쇠나사 4,000개를 더 나은 새것으로 대체해야 했다. 테세우스의 배 이야기는 되풀이된다. 이번에는 나사가 문제였지만 앞으로 몇백 년 동안 또 무엇이 필요해질지 누가 알겠는가?

기계는 수리할 수 있으며 부품을 하나씩 교체할 수 있다. 애지중지하는 차의 엔진을 바꾸기로 마음먹고 나서 결국 원래의 부품은 아무것도 남지 않는 상황을 상상해 보라. 이 모든 일은 계획에 따라 의도적으로 진행된다. 모든 것이 정비소 기술자 같은 독립적 행위자에 의해 관리된다. 아테네인들은 새 나무를 베는 법을 알았으며 바사박물관의 보전 담당자들은 배를 지탱하고 외관을 유지하는 새 나사를 제작하기 위해 최선을 다한다.

하지만 살아 있는 유기체는 재생과 수리를 혼자 도맡아 한다. 작은 상처는 저절로 나으며 우리는 자연적으로 진행되는 세포들과 생체 조직들의 재생에 끊임없이 의존한다. 이따금 몸이 혼자 힘으로 처리하지 못하는 부상이나 질병을 겪기도 하는데, 그러면 아픈 치아를 치료하러 치과에 가거나 뿌연 시야를 바로잡고자 레이저 시술을 받는다. 의사는 부러진 무릎이나 (심지어) 망가진 심장을 기계적 대체품으로 바꿔줄 수 있다. 하지만 우리 몸을 더는 수리할 수 없는 때가 찾아온다. 이는 개별적 몸의 필연적 운명이다. 자녀와 자녀의 자녀를 통해 일종의 영생을 누릴 수 있을지는 몰라도.

모든 생명의 이러한 특징이 주목받은 것은 칠레의 생물학자 움베르토 마투라나Humberto Maturana와 프란시스코 바렐라Francisco Varela가 '아우토포이에시스autopoiesis' 개념으로 생명을 정의할 수 있다고 주장했을 때였다. 그리스어 접사 '아우토'는 '자기'를, '포이에시스'는 '생산'을 뜻한다. 자기생산 체계는 자신을 유지하고 재생산할 능력이 있다. 개체의 수명은 제한적이지만, 오늘날 존재하는 모든 생명체로부터 지구가 젊었을 때의 최초 생명체에 이르기까지 한 번도 끊기지 않고 시간을 거슬러 올라가는 어떤 선이 있다. DNA 형태의 유전 정보는 종이나 컴퓨터에 복제할 수 있지만 살아 있는 세포는 대체할 수 없다.

기계를 수리해야 하는 때는 망가졌을 때뿐이다. 반면 생명의 본질은 물질이 들락날락하는 흐름을 끊임없이 유지한다는 것이다. 생명체는 물질적 구성 요소들에 전적으로 의존하지만 생명체의 동일성은 그런 요소들로부터 생겨나는 것이 아니다. 살아 있다는 것은 주변 세계와 접촉한다는 것이다. 우리는 흐르는 물에 생긴 소용돌이와 같다. 마찬가지로 인체도 평생 여러 차례 재생되고 개체들도 대체되지만, 종은 살아남는다. 지구상의 생명은 지금껏 40억 년 가까이 살아남았다.

이와 비슷한 능력을 가진 기계를 만들 수 있을까? 별도로 부품들을 가지고 있어서 펑크를 자동으로 수리하는 차나 삭은 널빤지를 스스로 교체하는 배가 존재할 수 있을까? 그럴지도 모르지만 수리를 담당하는 메커니즘이 망가지면 그것을 수리할 또 다른 메커니즘이 있어야 한다. 이는 꼬리에 꼬리를 물며 문제를 끊임없이 뒤로 미룰 뿐 결코 해결하지 못한다.

과학소설에서는 이른바 폰 노이만 탐사선이 인기다. 그중 가장 악명 높은 형태는 '버서커'라고 불리는데, 자기 복제를 할 수 있는 우주선으로서 유일한 임무는 우주를 누비면서 생명을 맞닥뜨릴 때마다 모조리 파괴해 버리는 것이다. 다행히 우리는 지금까지 이런 재앙을 면했으며, 앞으로도 그런 우주선을 만들 만큼 정신 나간 문명을 만나지 않기만을 바랄 뿐이다.

로즌은 아리스토텔레스에 착안해 생명계를 작용인에 대해 닫혀 있는 계로 정의했다. 이 말은 외부에서 유기체에 작용하는 것들 가운데 유기체의 생명 유지에 필요한 것은 아무것도 없다는 뜻이다. 망가진 기계는 수리를 위해 외부의 도움을 받아야 한다. 연장통을 든 기술자가 찾아와 망가진 부분을 고친다. 기술자는 작용인, 즉 기계가 계속 작동하는 이유다. 이에 반해 살아 있는 유기체는 자족적이며 대개는 그런 작용인을 필요로 하지 않는다. 유기체는 스스로를 수리할 뿐 아니라, 스스로를 수리하는 데 필요한 메커니즘도 수리할 수 있다. 그런데 유기체는 질료인에 대해서는 닫힌계가 아니다. 스스로를 떠받치는 열린계이며 테세우스의 배처럼 끊임없이 재생된다.

로즌은 자신이 자기생산 개념을 탄탄한 수학적 토대 위에 수립하는 데 성공했다고 주장한다. 당신은 충분히 똑똑한 사람이 있다면 스스로를 수리하는 기계를 만들 수 있을 것이라 생각할지도 모르겠다. 가능하기만 하다면 이 기계는 번식하며 행성에, 심지어 우주 전체에 두루 퍼질 수 있을 것이다. 로즌의 놀라운 주장은 우리가 지금 이해하고 활용하는 물리학과 기술의 틀 안에서는 자기 자신을 무한정 수리하는 기계를 만드는 일이 불가능하다는 것이다. 그런 기계를 아무리 만들어도 금세 망가질 것이며 스스로를 바로잡는 메커니즘을 아무리 장착하더라도 수명이 제한될 것이다. 40억 년을 견디며 진화한 살아 있는 지구 같은 것은 우리의 현재 능력으로는 만들 수 없다.

세계 자체를 평범한 컴퓨터에서 시뮬레이션할 수 있고 자연을 이해하는 데 필요한 모든 계산을 튜링 기계에서 수행할 수 있다는 생각은 흔히 '물리적 처치-튜링 가설physical Church-Turing hypothesis'이라고 불린다. 알론조 처치Alonzo Church는 미국의 수학자로, 앨런 튜링과 함께 이 가설을 수립했다. 말하자면 우주가 할 수 있는 모든 일은 고성능 컴퓨터로도 할 수 있다는 것이다. 그러나 로즌에 따르면 생명계는 스스로를 떠받치는 고리가 필요한데, 이런 고리는 시뮬레이션이 불가능하다. 처치-튜링 가설이 적용되는 세계에는 오로지 기계만 있을 뿐 생명이 있을 수 없다. 이것이 문제의 핵심이다. 로즌이 옳다면 처치-튜링 가설은 틀렸으며 살아 있는 유기체는 이 가설에 어긋나는 물리계의 첫 사례다. 따라서 생명계를 완벽하게 기술하려면 상상할 수 있는 모든 컴퓨터의 정보처리 능력을 뛰어넘는 모형을 동원해야 한다. 그것은 바로 계산 불가능한 수학이다.

계산할 수 없는 것

나의 프린스턴대학교 지도교수였던 데이비드 그로스의 말이 머릿속에서 울려퍼진다. "언제나 무언가를 계산해야 하네." 이론물리학 분야에서 학술 논문을 쓸 때는 일상적인 말이나 막연한 추론을 넘어서야 한다. 자신의 생각에 수학적 형식을 부여해야 하는 것이다. 주변 사람들을 오도하거나 현혹해 당신이 실제로 달성한 것보다 더 많은 것을 달성했다고 믿게 하라는 말이 아니다. 다른 방법을 썼을 때는 숨겨졌을 결론을 이끌어 내는 도구로 수학을 이용하라는 말이다. 실험과 비교할 수 있는 정량적 예측을 내놓을 수 있으면 더할 나위 없다. 하지만 나 같은 이론물리학자들은 그렇게까지 하는 경우는 드물며 그런다고 모든 것을 계산할 수 있는 것도 아니다. 너무 어려워서 (상상할 수 있는) 그 어떤 컴퓨터로도 현실적 시간 안에 풀 수 없는 문제들도 있다.

다비트 힐베르트는 수학을 형식화하고자 했을 뿐 아니라 정말로 어려운 문제의 해를 찾는 일에도 관심이 많았다. 1900년 그런 난제 23개의 목록을 발표했는데, 그중에서 열 번째가 특히 흥미롭다. 이 문제는 이른바 디오판토스 방정식에 대한 것이다. 알렉산드리아의 디오판토스는 3세기에 살았던 그리스의 수학자다. 그가 쓴 『산학Arithmetica』은 변수가 여러 개이고 계수가 정수인 방정식에 대한 책이다. 가장 유명한 예는 흔히 '페르마의 마지막 정리'라고 불리는 방정식일 것이다.

$$x^n + y^n = z^n$$

여기서 문제는 0이 아닌 n, x, y, z의 정수해를 찾는 것이다. n = 2이면 x = 3, y = 4, z = 5 같은 해를 쉽게 찾을 수 있다. 해를 대입하면, $3^2 + 4^2 = 9 + 16 = 25 = 5^2$으로 성립한다. 그런데 신기하게도 정수 n이 2보다 크면 그 어떤 해도 존재하지 않는다. 1637년 프랑스의 수학자 피에르 드 페르마Pierre de Fermat는 이런 해가 정말로 존재하지 않는다고 결론 내렸다. 그는 자신이 가진 『산학』에 이런 메모를 남겼다. "이 명제에 대해 참으로 놀라운 증명을 생각해 냈지만 여백이 좁아서 쓸 자리가 없다." 페르마가 정말로 증명을 찾았다고 생각하는 이는 아무도 없었지만, 그는 전문가나 아마추어를 막론하고 수많은 수학자들에게 해를 찾겠다는 포부와 좌절을 안겼다. 1995년 영국의 수학자 앤드루 와일스Andrew Wiles가 제자 리처드 테일러Richard Taylor의 도움을 받아 마침내 증명에 성공했을 때 그것은 김빠지고 조금 실망스러운 것이었다. 전문가들은 와일스의 증명에 매우 독창적이고 중요한 수학이 들어 있다고 설명했지만 극소수를 제외하고는 어느 누구도 증명을 온전히 이해할 수 없었다.

여기 디오판토스 방정식의 또 다른 유서 깊은 예가 있다.

$$x^2 = 61y^2 + 1$$

해는 무려 x = 1766319049와 y = 226153980이다. 검산하려고만 해도 고성능 계산기가 필요할 것이다. 대체 이런 해를 어떻게 추측할 수 있었을까? 모든 가능성을 대입해 보는 데만도 어마어마하게 오랜 시간이 걸렸을 텐데 말이다. 놀랍게도 처음으로 해를 찾아낸 사람은 9세기 인도의 수학자 자야데바Jayadeva였다. 그가 이용했으리라고 추측되는 방법은 12세기의 또 다른 위대한 수학자 바스카라Bhaskara에 의해 '차크라발라'로 명명되었다. '차크라발라'는 지구를 두른 산의 고리를 일컫는 이름인데, 이는 이 수학적 성취가 얼마나 높이 평가되었는지 보여준다. '차크라'는 바퀴를 뜻하는 산스크리트어로, 증명에 쓰인 수학적 방법을 일컫는다. 페르마는 이런 배경을 알지 못해 해를 찾는 데 실패했다(이번에는 적어도 자신이 실패했음을 분명히 깨달았다). 영국의 수학자 윌리엄 브롱커William Brouncker는 1657년과 1658년 사이에 자야데바의 풀이를 재발견했다.

힐베르트가 찾고 싶었던 것은 이런 종류의 방정식에 정수해가 있는지 없는지 판단하는 보편적 방법이었다(첫 번째 방정식에는 2보다 큰 정수 n에 대해 해가 하나도 없었으나 두 번째 방정식에는 있었다). 힐베르트에게는 애석하게도 그런 방법은 존재하지 않으며 모든 문제는 늘 새로운 도전이다.

더글러스 호프스태터의 방문

매주 금요일 3시 웁살라대학교 이론물리학 연구진은 스웨덴어로 '피카'라고 부르는 커피 타임을 가진다. 전통에 따르면 누군가 수학 문제나 물리학 문제를 가져오고 나머지 사람들은 풀어야 하는데, 이를 '피카 문제'라고 한다. 모든 대화가 중단되고 다들 칠판을 뚫어져라 쳐다본다. 적어도 처음에는 말이다. 잠시 뒤 해가 제시되고, 검산되고, 퇴짜 맞으면 다시 토론에 속도가 붙는다. 어느 날 금요일에는 인지과학 교수 더글러스 호프스태터Douglas Hofstadter가 찾아왔다. 더글러스 호프스태터는 수학, 컴퓨터, 논리에 관심이 있는 모든 이들의 영웅이다. 그의 책 『괴델, 에셔, 바흐』는 여러 세대의 학생들에게 수학과 컴퓨터과학에 대한 열정을 불어넣은 고전이다. 더글러스는 문제를 내달라는 요청을 받아들이고는 대수롭지 않아 보이는 방정식을 아래와 같이 칠판에 썼다.

$$\frac{A}{B+C}+\frac{B}{C+A}+\frac{C}{A+B}=4$$

A, B, C가 양수인 해를 찾아보세요! 우리는 방정식을 들여다보고는 그 식을 변환하고 새로 쓰는 다양한 방법들을 논의하기 시작했다. 그런데 무언가 미심쩍었다. 나는 더글러스에게 물었다. "해를 기억하세요?" 곧장 대답이 돌아왔다. "아니요."

우리가 문제를 풀지 못한 데는 이유가 있었다. 방정식을 성립시키는 가장 작은 수는 아래와 같다.

A=154476802108746166441951315019919837485664325669565431700026634898253202035277999

B=368751317941299998271978115652254748254929799689719709962831374716372246340555579

$C=4373612677928697257861252602371390152816537558161613618621437993378423467772036$

이것들을 방정식에 대입해 컴퓨터로 계산하면 맞다는 것을 검증할 수 있다. 이 수들은 관측 가능한 우주에 있는 양성자 개수와 맞먹는다. 방정식 우변의 숫자 4를 다른 숫자로 바꾸면 어떻게 될까? 홀수에 대해서는 해가 하나도 없지만 일부 짝수에 대해서는 해가 존재한다. 이를테면 178에 대한 해는 3억 9,860만 5,460자리이며 896에 대한 해는 자릿수만 2조를 넘는다. 말하자면 이 특수한 경우에 방정식의 해를 적으려면 200만 자릿수의 페이지가 필요하다. 이 문제는 지금껏 출제된 피카 문제들 중에서 가장 어려웠으며 다들 충격에서 헤어나기까지 몇 주가 걸렸다. 디오판토스 방정식은 심심풀이 퍼즐이 아니며 금세 그 어떤 일반 컴퓨터로도 감당할 수 없는 수학으로 부풀어 오른다.

물리법칙 자체는 어떨까? 자연의 정확한 모형을 만들기 위해서는 수학이 얼마나 어려워야 할까? 왜 어떤 이들은 자신을 처치-튜링 가설에 따라 계산할 수 있는 수학에 한정하는 것으로 충분할 것이라고 생각할까? 모든 것을 일반 컴퓨터에서 계산할 수 있다는 믿음은 무리수에 대한 고대 그리스인들의 공포와 닮은 구석이 있다. 그들은 분수로 나타낼 수 없는 원주율 같은 수가 존재할 수 있다고 생각하고 싶어 하지 않았다. 물리학에서 배울 수 있는 교훈이 하나 있다면 그것은 모든 수학이 조만간 물리학에 적용되리라는 것이다. 끈이론에서는 여분의 차원을 파악하는 과정에서 가장 난해한 수론이 등장한다. 튜링 기계의 능력을 벗어나는 수학 문제가 앞으로도 물리학과 무관하리라고는 믿기 힘들다.

아마도 언젠가는 도무지 풀리지 않는 방정식에 해가 있는지 없는지에 따라 예측이 달라지는 물리법칙을 수립할 수도 있을 것이다. 그렇게 되면 이론물리학자들은 현실적 예측을 실험물리학자들에게 제시하기가 힘들어질 것이다. 어떤 물리계를 기술하는 데 적합한 수학은 심지어 이론적으로 계산할 수 있는 범위조차 넘어설 수 있다. 하지만 실험이 하릴없이 진행되는 동안 자연은 겉보기에 아무 노력도 하지 않는 채 결과를 내뱉고 또 내뱉으며 계산될 수 없는 것을 계산한다.

로즌이 옳다면, 우리가 논의한 계산 불가능한 수학에 해당하는 사례를 찾기 위해서는 생물학적 유기체를 들여다보는 것으로 충분하다. 하지만 중요한 물음이 하나 남아 있다. 일어나는 모든 것이 원자와 진공으로 환원될 수 있는 우리의 기계론적 세계에 전혀 새로운 무언가가 기어드는 것이 어떻게 가능할까?

모든 큰 것은 작은 것으로 이루어진다

> 거저 얻을 수 있는 것은 엔트로피뿐이다.
>
> —안톤 체호프

몇 해 전 책 출간을 계기로 스웨덴을 소박하게 순회한 적이 있었다. 어느 날 저녁 삶, 우주, 그리고 모든 것에 대해 강연한 뒤 저자 사인을 위해 자리에 앉았다. 꽤 많은 사람들이 나를 만나려고 줄을 섰기에 기분이 좋았다.

늘 그러듯 정중하게 물었다. "누구 앞으로 사인해 드릴까요?" 들뜬 표정의 젊은 여성이 책을 내밀며 말했다. "진리를 써주세요!" 뜻밖의 부탁에 놀라 잠시 머뭇거리다 몇 초 뒤 이렇게 썼다.

$$\frac{dS}{dt} \geq 0$$

이 방정식은 엔트로피가 시간의 흐름에 따라 증가할 수밖에 없음을 나타낸다. 엔트로피는 무질서의 척도다. 엔트로피가 클수록 뒤죽박죽이 된다. 다시 말해 시간이 흐를수록 나아지는 것은 아무것도 없다.

이는 모든 자연법칙 중에서 가장 기본적인 것으로, '열역학 제2법칙'이라고 불린다. 제1법칙은 에너지가 결코 생성되거나 파괴되지 않고 그저 변형될 뿐이라는 것이다. 19세기 말 에른스트 마흐Ernst Mach 같은 물리학자들은 열역학 법칙이 기본 법칙이며 그보다 더 기본적인 것으로 환원되거나 설명될 수 없다고 주장했다. 열역학 법칙의 보편성과 무지막지함에는 매력적이면서도 씁쓸한 구석이 있다. 한편 이 물리학자들은 원자 같은 미시 성분의 존재에는 매우 회의적이었다.

이런 회의론에도 불구하고 오스트리아의 물리학자 루트비히 볼츠만Ludwig Boltzmann은 열역학 전체가 뉴턴의 법칙을 다수의 원자들에 적용한 결과일 뿐임을 밝히는 데 성공했다. 기체 속의 원자 하나하나를 추적하려 한다면 다뤄야 할 원자의 개수가 많을수록 작업이 더 힘들어진다. 물론 현실에서는 개별 원자가 무엇을 하는지는 관심사가 아니며 압력과 온도 같은 양을 동원해 기체 일반의 행동을 뭉뚱그려 기술하는 것으로 충분하다. 볼츠만이 밝혀낸 사실은 압력과 온도, 그리고 이 두 성질을 지배하는 법칙이 그 자체로 기본적이지 않으며 끊임없이 움직이는 원자의 미시 세계로 환원될 수 있다는 것이다. 제2법칙은 크기가 큰 모든 것은 작은 것들로 이루어지며 무작위적인 모든 변화는 안 좋은 방향으로 치닫는다는 사실로부터 쉽게 도출된다. 저절로 수리되는 것은 아무것도 없고 모든 것은 저절로 망가진다.

제2법칙이 유기체적 생명의 존재와 어긋난다고 생각하는 이들이 있을지도 모르겠다. 생명이란 혼돈에서 질서를 창조하는 것 아니던가? 흙더미는 아름답고 정교한 유기체의 형태를 띤 질서 정연한 구조로 바뀐다. 자라나는 아이, 문명의 탄생, 미술 등은 무질서에 맞선 질서의 승리임에 틀림없다. 이것이 어떻게 열역학 제2법칙과 부합한다는 말인가?

전반적으로 보자면 무질서는 언제나 증가하지만 작은 오아시스에서는 질서가 일시적으로 증가할 수 있다. 하지만 그러면 다른 곳에 더 많은 무질서가 생긴다. 지구는 그런 오아시스들 가운데 하나에 불과하다. 질서는 고에너지 광자가 거의 없는 고품질의 가지런한 햇빛을 통해 증가하며 무질서는 저에너지 광자들로 가득한 열복사에 의해 우주로 방출된다. 광합성 식물도 자기 할 일을 하며 지구상에서 생명이 번성하게 한다. 완전한 닫힌계에서는 생명이 살아남을 수 없다. 태양이 빛나기를 멈추면 우리는 설령 몸을 데울 방법을 찾더라도 죽을 것이다. 시간은 질서에서 무질서로 흐르며 이런 식으로 시간의 방향이 생겨난다. 우리는 과거를 기억하며 미래를 예측하려고 애쓴다.

우리는 열역학 제2법칙이 어떻게 원자의 세계에서 유도

될 수 있는지 이해하지만 그럼에도 이 법칙은 특별한 지위를 간직하고 있다. 앞으로 물리학이 아무리 발전하더라도 제2법칙은 꿋꿋이 결정적 역할을 맡을 것이다.

강한 창발과 약한 창발

열역학 제2법칙은 특이하다. 입자 하나하나의 작은 척도에서는 작용하지 않고 많은 입자로 이루어진 큰 계에서만 적용되기에, 우리가 다른 방법으로는 상상할 수 없는 많은 현상들을 기술한다.

물고기 떼나 새 떼는 수백, 수천 마리의 개체로 이루어지며 이 개체들은 겉보기에 일사불란하게 움직인다. 집단적 운동은 창발적이며 낱낱의 물고기나 새가 가장 가까운 이웃의 행동에 대해 자신의 움직임을 어떻게 변화시키는지로 설명할 수 있다. 몇 개의 매개변수로 개체의 행동을 기술하는 단순한 모형만으로도 이 대단한 현상을 얼마든지 재현할 수 있다. 물고기 떼의 움직임은 물고기 한 마리 한 마리가 다른 물고기와의 거리와 상대적 각도를 어떻게 조정하는지에 달려 있다. 물고기들이 헤엄치는 행태가 조금만 바뀌어도 오합지졸 물고기 떼가 원으로 바뀌거나 모든 물고기가 같은 방향으로 헤엄칠 수 있다.

모든 거시적 현상을 같은 방식으로 설명하고 미시적 척도의 단순한 법칙으로 환원할 수도 있을까? 그렇다면 살아 있는 유기체가 조직화되고 행동하는 방식은 이론적으로 물고기 떼와 다르지 않을 것이다. 우리가 관찰하는 모든 것은 수많은 작은 기계들의 상호작용으로 설명할 수 있을 것이며 이는 의식 또한 바로 그런 식으로 생긴다는 믿음과도 부합한다.

물리학자를 비롯한 대부분의 과학자들은 질적으로 새로운 현상(또한 우리가 새로운 자연법칙이라고 부르는 것)이 더 높은 수준의 차원에서 생겨날 수 있음을 받아들인다. 까다로운 점은 대개 약한 창발과 강한 창발이라고 불리는 것을 구별하는 것이다. 약한 창발은 높은 수준의 차원에서 벌어지는 과정이 (대체로 미시 수준에서의) 더 기본적인 법칙에서 유도되는 법칙을 따른다는 뜻이다. 새로운 법칙에는 기본 법칙에서 비롯하지 않는 새로운 것이 전혀 추가되지 않는다. 열역학 제2법칙이 바로 그런 예다. 어떤 이는 생명과 의식 같은 현상들이 약한 창발에 속한다고 주장할 것이다. 이에 반해 강한 창발(더 나은 이름은 '존재론적 창발ontological emergence'이다)은 또 다른, 더 진지한 문제다. 이 경우에는 당신이 다루는 법칙을 어떤 하위 수준에서도 유도할 수 없다. 상위 차원에서 추가되는 새로운 현상은 하위 차원에 반영되거나 의존하지 않는다.

인과적 창발causal emergence에 따르면 어느 한 척도에서의 현상이 그 아래 척도에서 일어나는 일에 의존하는 척도의 사다리가 존재한다. 각각의 척도에는 나름의 의미를 가지는 인과적 구조가 있다. 당신이 물리적 현상을 기술하는 유용한 법칙을 수립할 수 있는 것은 이 덕분이다. 미국의 신경과학자 에릭 호엘Erik Hoel은 한 수준에서의 인과적 구조가 하위 수준에서의 인과적 구조로부터 본질적으로 독립적이라고 주장한다. 생물학과 심리학에는 나름의 법칙들이 있으며 미시적 세부 사항에 개의치 않는 채 물리학 위를 배회한다. 상위 차원에는 하위 차원보다 더 많은 정보가 들어 있으며, 소립자물리학으로 포착할 수 없는 인과적 구조가 있다. 호엘은 정확한 수학적 논증으로 이를 뒷받침한다.

가장 극단적인 환원주의자나 형이상학적 실재론자조차도 사다리 위쪽이 상당한 실용적 가치를 지닌다는 데 동의할 것이다. 사다리 위쪽에는 일상생활에 속하는 것을 파악하는 더 나은 방법들이 있으며 특히 그것들의 수학적 모형화는 훨씬 효율적이다. 환원주의자는 현실에는 원자와 진공밖에 없으며 상위 차원에 더해지는 새로운 것은 아무것도 없다고 황급히 덧붙이고는, 창발하는 법칙을 이용하는 것이 현명할지는 몰라도 기본적으로 모든 것은 입자물리학의 소관이라고 말할 것이다. 하지만 정말로 그럴까? 이론상으로도 환원되지 않는 물리학이 상위 차원에 있을 수 있을까? 이는 상위 차원에서 일어나는 일을 하위 차원에서 파악하는 것이 현실적으로 힘들기 때문일 뿐 아니라, 하위 차원에 아예 그에 대한 정보가 없기 때문 아닐까?

철학자 김재권은 강한 창발론자들이 직면하는 근본적 문제를 지적했다. 그의 단순한 논증은 양립에 대한 것이다. 상위 차원에서 무언가가 일어나려면 하위 차원에서도 무언가가 일어나야 한다. 하위 차원이 나름의 인과법칙에 의해 이미 확실히 결정되어 있다면 상위 차원에서 일어나는 모든 것은 예속된 부수현상epiphenomenon일 뿐이다. 따라서 강한 창발과 뉴턴적 패러다임 사이에 심각한 모순이 발생한다.

그렇다면 상위 차원이 하위 차원으로 소급 효과를 발휘할 가능성은 전혀 없는 것일까? 세계의 밑바닥에서 법칙이 조금이라도 느슨해질 수 있다면 강한 창발이 작용할 수 있는 기회가 생길지도 모른다. 즉, 당신의 손에 있는 원자들이 더 큰 척도에서의 복잡한 현상들에 반응하며 움직인다면 낱낱의 원자를 지배하는 법칙은 미시적 수준에서 온전히 결정될 수 없다.

미국의 신경인류학자 테런스 디컨Terrence Deacon은 『불완전한 자연Incomplete Nature』이라는 책에서 비슷한 생각을 언급한다. 그는 강한 창발에 반대하는 논증이 썩 강력하지 않을 수도 있음을 양자역학을 통해 밝혀낸다. 그의 주장에도 일리가 있지만 양자역학과 독립적인 또 다른 경로가 있다. 바로 열린계와 닫힌계를 통하는 길이다.

열린계와 닫힌계

완전히 닫힌계에서는 아무것도 들어오지 않고 아무것도 나가지 않는다. 물질과 에너지는 갇혀 있으며 정보도 마찬가지다. 닫힌계는 바깥에 있는 그 무엇에도 의존하지 않으며 그 안에서 일어나는 그 무엇도 바깥에 영향을 미치지 않는다. 이런 계는 현실에서는 존재하지 않는다. 가상적 계의 규모가 작고 결부된 시간이 짧을수록 그 계를 고립시키기가 쉬워진다. 반면 세계를 관찰할 경우에는 그 즉시 주변 우주와 걷잡을 수 없는 상호작용이 일어난다.

과학적 모형과 현실 세계 사이를 번역하는 방식은 결코 사소한 문제가 아님에도 이는 좀처럼 논의되지 않으며 종종 고의로 외면당한다. 그 대신 우리는 수학적 이론이 세계 자체와 동일시될 수 있다고 철석같이 믿는다. 그 둘을 구별하는 것이 실질적으로 무의미하다고 생각하는 것만이 아니다. 모형을 실제로 존재하는 것과 동일시하는 것이 세계에 대해 무언가 심오한 것을 말해준다고 주장하기까지 한다. 수학은 자연의 언어로 간주되며 수학적 모형의 틀 안에서 표현될 수 없는 것은 존재하지 않는다고 간주된다. 어떤 이들은 수학적 표상과 현실 세계를 등가로 놓고 사실상 모든 것이 수학이라고 말하기까지 한다. 그들에 따르면 형식 체계와 자연계는 분리될 수 없는데, 이는 단지 그 둘이 동일하기 때문이다.

나는 물리학자로서 관찰하고 모형을 만들고자 한다. 이는 입자들, 그리고 아마도 미시 세계 깊숙이 숨어 있는 끈에 대한 것뿐 아니라, 수학적 모형화에 알맞은 상위 차원에서의 창발적 구조들에 대한 것이기도 하다. 열역학은 내가 좋아하는 분야다. 나는 열역학을 통해 다수의 입자들이 서로 어떤 영향을 미치는지 온전히 이해한다. 더 높은 수준의 차원으로 올라가서 일상생활을 하며 먹고 자고 걷고 자녀와 놀아줄 때는 그보다 더 투박한 모형을 이용한다. 썩 과학적이지는 않겠지만 말이다. 개나 다른 인간 같은 살아 있는 유기체는 수많은 입자들이 모인 중요한 복합체이며 나는 그들을 개체로 개념화한다. 생각과 욕망으로 가득한 나의 의식에 대해서도 비슷하게 생각한다.

어떤 계가 열려 있고 우주와 끊임없이 예측 가능하지 않게 상호작용 한다면, 이론적으로 모든 것을 미시적 수준에서 유도할 수 있다는 주장은 공허할 것이다. 그 명제는 결코 검증할 수 없기 때문이다. 측정하고 통제할 수 있을 만큼 충분히 격리된 유기체는 죽어 있을 수밖에 없다. 살아 있는 존재에 대한 물리적으로 유의미한 기술은 기계에 대한 기술과 근본적으로 다르다. 복잡한 유기체적 계는 현실적인 모든 의미에서 강하게 창발적이다.

중요한 요점은 모형과 실재 사이에 차이가 있다는 것이다. 우리는 세계 한가운데에 있으며 결코 벗어날 수 없다. 생물학적으로 제한된 능력을 가지고서 최대한 많이 배우고 이해하고자 노력할 수 있을 따름이다. 나는 물리학자일지는 몰라도 우주를 온전히 이해하는 데 필요한 물리학을 우리가 알고 있다고 생각하지는 않는다. 앞으로 그럴 것 같아 보이지도 않는다.

VII.

인간은 특별하지 않다

THE WORLD ITSELF

우리는 병에 걸려서야 비로소, 우리가 혼자 사는 게 아니라 다른 세계의 존재에 묶여 있으며, 어떤 심연이 우리를 그 존재로부터 갈라놓아 그 존재는 우리를 알지 못하고, 우리도 그 존재에게 자신을 이해시킬 수 없다는 사실을 깨닫는데, 이 존재가 바로 우리 몸이다.

—마르셀 프루스트, 『잃어버린 시간을 찾아서』

나에게는 아침에 일어나 거울 속 내 모습을 유심히 살피는 습관이 있다. 면도할 때는 얼굴을 베이지 않기 위해 그래야 하고 이를 닦을 때는 달리 할 일이 없어서 그렇게 한다. 거울을 보는 행위는 대개 무심결에 일어나지만 이따금 낯설고 불쾌한 일이 벌어지기도 하는데, 그것은 거울 앞에 서서 나 자신을 보는 동안 세계가 멈추고 초현실적 감각이 경험될 때다. 그야말로 세계에 대한 내적 상과 외적 상의 조우, 1인칭 시점과 3인칭 시점의 드물고도 무지막지한 조우라고 말할 수밖에 없다. 다른 이들을 관찰할 때 우리는 바깥에서 그들을 바라보고 그들에게 내적 삶을 투사하며 그들도 우리를 바라본다고 확신한다. 하지만 우리 자신을 바라볼 때는 시점이 완전히 달라진다. 우리의 내적 자아가 마치 자신의 생각에 주의를 기울이듯 자신의 존재를 숙고하는 것이다. 거울은 두 시점을 충돌하게 하는 신기하고 거의 마법 같은 능력이 있다.

더욱 심란한 경우는 거울 앞에서 또 다른 거울을 들고서 자신을 바라보는 자신을 바라보는 자신을 바라볼 때처럼 끝없이 반복되는 상이 아득히 이어질 때다.

데카르트가 내성을 시도할 때 거울을 이용한 적이 있는지는 모르겠다. 그의 시대에는 거울이 지금만큼 흔하지 않았기 때문이다. 어쨌든 의식에 대한 이후 논의에 혼란을 가져다준 몇 가지 중요한 논점들은 그에게서 찾아볼 수 없다. 그의 결론에서 내가 받아들이는 것은 딱 하나이지만 그 하나가 중요하다. 그것은 주관적 1인칭 시점이 분명 존재한다는 것이다. 그의 다른 진술들은 그다지 설득력 있어 보이지 않는다. 데카르트는 자신의 의식이 몸과 독립적으로 존재하며 결코 몸과 동일하지 않다고 주장했다. 그가 근거로 내세운 것은 몸 바깥에 있는 주관적 의식을 상상할 수 있다는 것, 더 나아가 그 의식이 다른 사람의 몸 안에서 어떻게 자기 자신을 드러내는지를 상상할 수 있다는 것이었다. 나는 내가 무언가를 상상할 수 있다고 해서 그것이 참이어야 한다는 데 동의하지 않는다. 팔을 날갯짓하며 하늘을 나는 법에 대해 생각한다고 해서 날 수 있게 되는 것은 아니다. 그럼에도 그의 결론은 지금까지도 살아남았으며 심지어 우리는 의식을 유기체적 몸에서 끄집어 내어 더 오래가는 형태에 집어넣을 궁리를 하고 있다.

어쩌면 우리 인간을 지구상의 다른 존재와 구별하는 것이 무엇인지 찾기보다는 둘의 공통점에 집중하는 것이 더 효과적인지도 모른다. 우리는 다른 존재를 연구함으로써 우리 자신에 대한 이해에 깊이를 더하고 우리가 누구인지에 대한 중요한 정보를 얻는다. 우리의 생물학적 본성이 우주를 바라보는 우리의 관점에 중요하다는 사실은 분명하다. 우리의 의식은 몸 안에 있으며 우리가 감각을 통해 경험하는 세계는 수백만 년에 걸쳐 진화한 유기체적 계를 이용해 창조된다. 우리는 가장 단순한 유기체로 거슬러 올라가는 생명 연속체의 일부다. 이 모든 것은 우리가 물리적 세계, 다시 말해 존재하는 유일한 세계를 이해하는 데 필수적이다.

동물이 세계를 알고 이해하는 능력은 뇌와 감각과 몸이 어떻게 조직되어 있는지에 좌우된다. 미국의 철학자 토머스 네이글Thomas Nagel의 말을 빌리자면 우리는 박쥐가 된다는 것이 어떤 것인지 결코 진정으로 이해할 수 없다. 우리가 수행하는 그 어떤 실험도 타인의 내적 경험을 직접 탐지할 수 없다. 모든 판단은 간접적일 수밖에 없다. 우리는 동료 인간에게 어떻게 느끼는지 묻고 그들의 대답과 우리가 공유하는 경험과 생물학적 기원에 근거해 다른 인간이 된다는 것이 어떤 것인지 그럴듯하게 추측할 수 있다. 그럼에도 우리가 온전히 이해했다고는 결코 확신할 수 없다.

영국의 영장류학자 제인 구달Jane Goodall은 탄자니아 곰베 국립공원에서 침팬지와 오랫동안 함께 살았다. 그녀는 사람과 똑같이 침팬지도 저마다 독특한 성격이 있고 서로를 돌보며 기쁨이나 슬픔을 경험한다는 사실을 발견했다. 침팬지는 도구를 만들 수 있으며 인간처럼 때때로 잔혹하고 호전적이다.

구달은 인간의 감정을 인간 아닌 다른 동물에게 투사하고 침팬지를 숫자가 아닌 이름으로 부르며 과학적 방법을 왜곡했다는 비난을 들었다. 여기에는 역설이 있다. 과학의 초연한 3인칭적 시점이 다른 존재의 주관적 세계에 대한 객관적 연구에 걸림돌이 되기 때문이다. 구달이 한 일은 우리의 내면 세계가 침팬지와 그리 다르지 않다는 과학적 가설을 검증한 것이었다. 물질, 생명, 의식을 포함하는 어떤 연속성이 존재하며 모든 것은 같은 것의 다른 측면으로 이루어질 뿐이다. 거울은 있다. 어딜 보아야 하는지 당신이 알기만 한다면.

문어처럼 생각하기

시내에 벨기에 식당이 새로 문을 열었는데, 내가 좋아하는 물 프리트*를 전문으로 한다기에 가족들과 함께 맛보러 갔다. 홍합은 감자튀김 못지않게 근사했지만 몇 개 먹고 나니 불쾌한 기분이 들었다. 홍합은 아무 문제 없었지만 다소 심란한 사실이 머릿속을 맴돌기 시작한 것이다. 홍합에는 눈이 달렸다. 볼 수 있는 동물인 것이다. 집에서 홍합을 요리할 때는 익히는 순간까지 홍합을 살려둬야 한다. 껍데기가 닫혀 있으면 살아 있을 가능성이 크다. 껍데기가 열려 있으면 두드려서 닫히는지 확인한다. 닫히지 않으면 죽은 것이므로 내다 버리는 게 상책이다. 홍합을 익힌 뒤에는 껍데기가 열린 것만 써야 한다. 이것들은 살아 있었던 것이 확실하며 (아마도 극심할 고통 속에서) 물이 끓기 전에 껍데기가 열린 것들도 문제 될 것은 없다. 물 프리트 이면의 잔혹한 현실이야 이미 친숙했지만 문득 한 가지 생각이 떠올라 거북해졌다. 홍합은 껍데기를 두드리려고 다가오는 손을 보았을까?

나는 '홍합이 된다는 것은 어떤 느낌일까?'라고 묻는 것이 무의미하지 않다고 확신한다. 그 답을 검증하기란 불가

* 홍합의 일종인 담치에 감자를 곁들인 벨기에의 대표 음식.

능하겠지만 말이다. 이런 물음을 시도하면서 뿌옇고 흐릿한 존재를 상상한다. 잠에서 깼는데 눈 뜬 곳이 어디인지 모르는 기분이 떠오른다. 한 가지는 분명하다. 홍합은 위대한 사상가가 아니며 그들로부터 우리까지의 격차는 작지 않다.

시간을 거슬러 우리의 기원을 되밟아 가면, 뇌의 크기가 점점 작아지고 아마 지능도 낮아질 것이다. 5억 년 넘게 거슬러 올라가면 우리와 홍합의 공통 조상에 도달하게 된다. 인간에서 계통수를 따라 거의 뿌리까지 내려갔다가 다른 굵은 가지를 따라 다시 올라가면 (내가 머뭇거리며 먹은) 홍합을 금세 지나친 뒤 문어를 만나게 된다.

이질적 지능을 만나고 싶다면 문어를 찾아가라. 문어는 지능이 고양이와 맞먹는데, 뇌는 인간의 뇌와 완전히 독립적으로 진화했다. 우리의 공통 조상은 생각하는 능력으로 말할 것 같으면 물려줄 것이 별로 없었기에, 진화는 물질로 하여금 생각하게 하는 문제를 해결하는 전혀 다른 두 가지 방법을 찾아냈다.

문어가 된다는 것은 어떤 느낌일까? 적어도 추측은 해볼 수 있을 것이다. 문어의 신경계는 우리보다 훨씬 넓게 퍼져 있다. 우리는 보통 뇌로 생각하지만 문어는 몸 전체로 생각한다. 우리도 이따금 반사 신경에 의존하는데, 이는 엄밀히 말해 지능은 아니지만 입력에 대한 반응이며 정보의 처리와 출력에 관여한다. 문어의 팔은 훨씬 많은 일을 할 수 있다. 걷기, 아니면 쓰기에 비유하는 것이 낫겠다. 우리가 걷는 것을 일단 배우고 나면 의식하지 않고도 저절로 걷는 것과 마찬가지다. 뇌가 여전히 관여하고 발을 어디에 두어야 할지도 눈으로 보겠지만 우리는 의식적으로 크게 주의를 기울이지는 않는다. 이 문단을 쓰는 지금 나는 키보드를 제대로 누르기 위해 손가락을 어떻게 움직여야 하는지가 아니라 무엇을 써야 하는지에 집중한다. 문어의 팔은 한술 더 떠서 중심 뇌의 관여 없이도 온갖 종류의 작업을 독립적으로 수행한다. 게다가 문어가 몸으로 하는 일은 생각만이 아니다. 내밀한 생각을 색색으로 표현하기도 한다. (문어는 오랫동안 색맹으로 알려졌는데, 문어가 복잡한 색채 신호를 해석할 수 있는지, 해석할 수 있다면 어떻게 해석하는지는 아직 정확히 밝혀지지 않았다.)

실재를 바라보는 단 하나의 올바른 방법은 존재하지 않는다. 무엇이 객관적인지에 대한 개념들을 체계화하고 형성하는 방식은 우리가 누구인지에 따라 달라진다. 독일의 생물학자 야코프 폰 웩스퀼Jakob von Uexküll은 유기체마다 종 특유의 현상 세계인 '움벨트Umwelt'가 있다고 생각했다. 유기체의 감각과 서식 환경에 따라 움벨트는 유기체가 생존할 수 있도록 세계에 대한 나름의 표상을 빚어낸다. 우리 인간에게는 소통을 가능하게 하는 몇 가지 공통점이 있다. 우선 어느 것을 정말로 존재하는 사물로 간주할 것인지에 대해서는 누구도 이견이 없다. 물론 어떤 이들은 의자, 책, 사람 같은 것들이 실제로 존재한다는 사실을 부정하려 들지도 모르겠다. 그들은 모든 것이 원자와 진공, 쿼크나 끈처럼 현재 기본적 구성 요소로 간주되는 것으로만 이루어졌으며 나머지 모든 것은 자의적 구성과 관습의 결과라고 주장한다. 하지만 이 완고한 환원주의자와 형이상학적 실재론자들이 일상생활에서 생각하고 느끼는 방식도 여전히 그들의 뇌와 몸에 생물학적으로 근거한 세계관에 바탕을 두고 있다. 물론 문화와 경험에 의존하는 면도 있지만 움벨트의 대부분은 우리 모두가 공통적으로 지닌 것이며 우리의 생물학적 몸, 감각, 뇌에 내재한다. 반면 문어, 홍합, 박쥐 같은 다른 동물들의 성향은 전혀 다르게 설계되었다. 그들의 모형은 세계에 대한 현실적 상이고 나름의 방식으로 참이며 그들의 생존에 필수적이다.

그런 내면 세계가 우리에게 낯설게 보일 수도 있겠지만, 어찌나 다른지 우리가 인지하기조차 힘든 또 다른, 더 낯선 형태의 지능이 있다. 식물은 생존과 생장을 위해 엄청난 양의 정보를 처리하는 물리계다. 뿌리 끝은 영양분을 최대한 흡수하려고 흙 속으로 길을 찾고 숲 아래 땅속의 융합된 연결망은 동물의 뇌보다 복잡하다. 다음 물음의 답을 상상해 보라. 숲이 된다는 것은 어떤 느낌일까?

몸의 수학

우리의 물리적 몸은 우리가 어떻게 생각하고 무엇을 경험하고 우리가 누구인지를 결정한다. 생각하고 느낄 수 있으면서도 우리와 근본적으로 다른 내면 세계를 가진 다른 존재들이 있다는 생각이 어떤 이들에게는 거북할지도 모르겠다. 나 같은 사람에게 내면 세계의 중요한 성분은 수학이다. 수학과 물리학, 또는 우리가 이 학문들을 지각하는 방식은 우리의 인간 본성에 달려 있으므로, 물리학과 수학 이전에 생물학이 있다고도 말할 수 있겠다. 우리가 수학을 이해하는 방식은 체화되어 있다. 아무리 정교한 수학적 개념도 분해되어 단순한 요소로 환원될 수 있는데, 그 요소들은 전부 몸의 경험을 가리킨다.

어느 날 막내아들을 유치원에 데려다주고 돌아오려는 길에 한 교사가 나를 불러 세우더니 무한에 대해 어떻게 생각하느냐고 물었다. 그녀는 끝이 없는 우주는 상상할 수 없다고 말했다. 나는 이 문제에 접근하는 최선의 방법은 인간의 시점에서 바라보는 것이라며 다음과 같이 조언했다. 계속해서 더 멀리 나아갈 뿐 결코 무한에 도달하지는 못하는 상황을 상상해 보라. 하지만 이 추상적인 수학적 개념은 그 자체로 흥미로울지는 몰라도 현업 물리학자가 하는 일과는 거의 아무 관련도 없다. 현실 세계에서는 진짜 무한을 다룰 일이 전혀 없기 때문이다. 모든 것에는 끝이 있다(비록 아직 보이진 않을지라도). 그녀는 흥미 있다는 표정을 지으면서도 눈빛이 몽롱해졌다. "누가 그러는데 어떤 아프리카 음악은 끝이 없대요." 나는 그 말을 곱씹었다. 절대 끝나지 않는 음악은 무한이라는 개념을 현실 경험에 접목하는 방법이라는 생각이 들었다. 내가 말했다. "글쎄요, 얼마 안 가서 음악가들이 연주하다가 지칠 거예요. 언제가 될지는 모르겠지만요. 우주도 마찬가지예요. 영원히 지속될 수는 없어요." 그녀가 알아들었으리라고 생각한다.

무한에 대한 우리의 이해는 저 멀리 아리스토텔레스까지 거슬러 올라간다. 그는 잠재적 무한potential infinity을 일컬어 아무리 긴 시간 동안이라도 지속될 수 있는 과정이라고 말했다. 수를 세는 것이 그런 예다. 당신은 1, 2, 3, 4 하고 헤아리는 행위를 원하는 만큼 오래 계속할 수 있다. 그만두더라도 하나 더 헤아릴 가능성은 언제나 남아 있다. 하지만 실무한 또는 현실적 무한actual infinity은 다른 문제다. 그런 무한은 영원히 반복되지만, 우리 세계에서는 결코 끝나지 않을 과정들의 가상적 종점일 뿐이다. 무한을 이런 식으로 생각하면 쉽게 이해하고 몸속에 개념화할 수 있다.

우리는 유기체적 몸에 갇힌 탐구자다. 아니, 유기체적 몸 이외에는 아무것도 아니라고 말하는 편이 낫겠다. '우리'가 무엇인지 정의하는 어떤 것은 우리가 탐구하고자 하는 바로 그 물질과 같은 종류의 물질이다. 우리는 결코 몸 밖으로 나갈 수 없고 우리의 감각이 자유롭게 떠다니도록 할 수 없으며 세계를 바깥에서 볼 수 없다. 철학자 대니얼 데닛은 우리가 내면의 경험을 신뢰할 수 없다고 믿는데, 어떤 면에서는 옳은 생각이다. 내면의 주관적 자아에 대한 우리의 경험은 실재하고 참이지만 그것을 넘어서면 우리는 모두 고집스러운 착각에 시달린다. 자신이 몸에 매여 있지 않다는 착각 말이다.

나는 움직인다, 나는 말한다

튜링 테스트가 다양한 지적 과제를 수행하는 능력과 의식과의 관계를 단순하게 전제한다는 것은 이미 살펴보았다. 순수 계산 능력만 놓고 보면 우리는 체스 같은 게임에서 이미 오래전 컴퓨터에 패배했다. 어쩌면 언어에 집중하고 생각과 감정을 표현하는 능력에 초점을 맞추는 것이 더 효과적일지도 모른다. 컴퓨터가 정교한 대화를 나누는 데 성공한다면 적어도 대학교수만큼은 똑똑하고 의식이 있다고 간주할 수도 있을 것이다.

하지만 상대방에게 대학 학위가 있든 없든 의식의 문제를 해결하기는 힘들어 보인다. 지능 검사도 도움이 되지 않기는 마찬가지다. 자아의 존재가 있든 없든 의식은 '예/아니요'의 문제가 아니다. 철학자 맥신 시츠존스턴Maxine Sheets-Johnstone은 『운동의 일차성』에서 언어적 사고 과정의 가능성을 탐구한다. 나 또는 자아에 대한 지각은 언어를 구사하는 원시적 능력조차 발달하기 훨씬 전부터 존재하는지도 모른다. 나는 그런 자아를 쉽게 상상할 수 있다. 언어를 흔적조차 없이 잃어버렸어도 여전히 의식을 가질 수 있기 때문이다. 의식을 정의하는 것은 말하거나 생각하는 능력이 아니라 움직이는 능력이다. 움직이는 능력은 인간이 모든 살아있는 존재와 공유하는 기본적 능력이다. 설령 그들 모두에게 인식 가능한 '자아'가 있는 것은 아닐지라도 말이다. 인간 의식과 그 너머로 이어지는 계단을 따라 내려가다 보면 '나는 움직인다'의 '나'가 사라지고 움직이는 행동만 남는 지점에 도달하게 된다. 그때의 의식은 '나'를 인식조차 하지 못할지도 모른다. 이따금 밖에 나가 달리기를 하고 들어와서 내가 어디에 갔다 왔는지, 어떻게 거기까지 갔다가 집으로 돌아왔는지 전혀 기억나지 않을 때가 있다. 달리기는 도로를 벗어나지 않는 것이나 다른 이들과 부딪히거나 길을 건너다 차에 치이지 않으려고 조심하는 것을 포함해 대개 자동으로 이루어진다. 행위의 의식적 요소는 짧게 몇 번 나타나는 것이 고작이다. '나는 달린다'에서 '나'는 사라지고 달리기 자체의 개념만 남는다.

자아의 존재가 산술 능력이나 언어능력을 비롯한 지능에만 달렸다고 가정하기보다는 움직임을 의식 논의의 출발점으로 삼는 것이 더 생산적일지도 모르겠다. 움직이기는 말하기 못지않은 위업이다. 움직이기 위해 가장 먼저 필요한 것은 몸이다. 잠에서 깨면 나는 종종 꿈나라에서 돌아오느라 좀 얼떨떨한데, 마치 머리와 발이 뚝 떨어져 있는 느낌이다. 정신을 차리고 여기가 어디인지에 집중하기까지는 보통 몇 초가 지나야 한다. 이따금 이 과정을 의식적으로 늦추며 내가 밤을 보냈었던 과거의 수많은 침대들 가운데 하나에 누워 있다고 상상하기도 한다. 크기가 다르고 조명이 다르고 냄새가 다르고 벽의 위치가 다른 방들을 떠올리는 것이다. 어릴 적 침대를 상상하면 내 몸이 작게만 느껴진다.

우리 모두가 물리적 몸이라는 사실이 때로는 느닷없고 어리둥절한 통찰을 낳기도 한다. 프랑스의 실존주의자 장폴 사르트르Jean Paul Sartre는 소설 『구토』에서 이렇게 썼다.

책상 위에 활짝 피어오르는 내 손이 보인다. 그것은 살아 있고, 그것은 나다. 그것이 열린다. 손가락들이 펼쳐지고, 길게 뻗는다. 그것은 손등을 아래로 하고 있어, 그 통통한 배가 보인다. 마치 자빠진 짐승처럼 보인다. 손가락들은 짐승의 다리다. 나는 재미 삼아 그것들을 움직여 본다. 뒤집어져 등딱지를 땅에 댄 게처럼 다리들을 아주 빨리 움직인다. … 내 손이 느껴진다. 팔의 끄트머리에서 꼬무락대고 있는 두 마리의 짐승, 이것들은 나다.

손은 신기한 이중적 성격을 지닌 사물이다. 손은 여러 물리적 대상과 전혀 다르지 않은 물질적 대상이며 자연법칙으로 온전하게 기술할 수 있다. 하지만 책과 달리 또는 몸과 분리된 여느 사물들과는 달리, 손은 우리의 생각에 의해 움직이고 제어될 수 있다. 나는 어떤 실질적 노력도 기울이지 않은 채 책 옆에 있는 내 손을 깨워 가만히 있는 책을 집어 들게 할 수 있다. 네덜란드의 미술가 마우리츠 코르넬리스 에셔는 1948년 그림을 그리는 자신의 손을 묘사했는데, 그 그림이 바로 이 관계를 기술했다. 그림 속의 손은 자기 자신을 그림으로써 자신의 물리적 존재를 만들어 낸다. 살아 있는 물질을 정의하는 것 또한 스스로를 떠받치는 바로 이러한 자기 지시 능력이다.

독일의 철학자 마르틴 하이데거는 이 통찰에서 한발 더 나아가 나머지 세계로부터 분리된 데카르트적 주체와 다자인Dasein 또는 '현존재'가 서로 다르다는 점을 지적한다. 다자인은 세계에 존재한다는 사실과 더불어 내 것이라는 사실로 특징지어지는데, 물질적 세계에 엮여 드는 이 다자인이 반드시 내 손끝에서 끝나는 것도 아니다. 하이데거는 망치로 못을 박는 목수 이야기를 들려준다. 망치는 손과 몸의 연장이 되며 손의 움직임은 망치에 전달된다. 목수가 망치를 그저 사물로 생각했다가는 엄지손가락을 찧고 말 것이다.

의식은 결코 몸이나 환경과 분리된 것으로 이해할 수 없다. 박쥐가 된다는 것이 어떤 느낌인지 이해하기 힘든 것을 보면 알 수 있다. 인간의 의식과 비슷한 인공 의식을 만드는 방법을 찾고자 한다면 그 의식은 먼저 우리와 비슷한 몸을 가지고 존재해야 할 것이다.

수조 속의 뇌

당신이 어떤 수조 속에 담긴 뇌이고 당신이 경험하는 모든 것을 시뮬레이션하는 기기에 그 수조가 연결되어 있지 않다고 어떻게 확신할 수 있는가? 힐러리 퍼트넘은 1981년에 이 소름 끼치는 가능성을 처음 논한 사람 가운데 하나다. 그는 이 가능성을 반박하면서, 당신이 정말로 수조 속의 뇌라면(그리고 다른 경험을 한 번도 접하지 않았다면) 당신은 뇌가 무엇인지, 수조가 무엇인지 이해하지 못할 것이라고 단호하게 주장했다. 관념이 실제로 존재하는 무언가와 어떤 형태로든 연결되지 않고 그 자체로 존재할 수 없다면 수조 속의 뇌는 모순이다.

대니얼 데닛은 이 주장에 별로 동의하지 않는 듯하다. 흥미로우면서도 다소 오싹한 SF 단편 「나는 어디에 있지?Where Am I?」에서 데닛은 실험실의 수조 속에 고립된 살아 있는 뇌를 묘사한다. 이 뇌는 주변의 외부 세계와 소통하고 영향을 미칠 수 있다. 실험의 수석 연구자는 뇌에 원격 제어장치를 달고 수조가 아닌 장소에 있다는 환각을 뇌에 심는다. 이는 우리 또한 끈적끈적한 외계인들이 지키는 수조 속의 뇌일 수도 있음을 암시한다.

이런 사고실험은 유용할 수 있지만 때로는 오해를 낳기도 한다. 그래서 설령 기분이 찜찜해지더라도 게임에서 가정하는 규칙들을 들여다보는 것이 중요하다. 이는 물리학에서 중요한 문제인데, 모순으로 추정되는 것이 있을 때 사고실험 자체가 무의미하다는 것을 알아차리는 것만으로도 그 모순이 해결되는 경우가 왕왕 있기 때문이다.

사고실험의 추론이 성립하려면, 뇌를 수조에 연결할 때

뇌의 관점에서 몸의 존재가 완벽하게 시뮬레이션되도록 해야 한다. 그러려면 양방향 신경 신호뿐 아니라 뇌가 몸의 나머지 부분과 소통해 결정을 내리는 방법인 혈액 속 화학적 성분까지 구현해야 한다. 그렇다면 우리에게 필요한 것은 뇌의 소통 방식에 대한 암호를 전부 해독해 인공적 몸을 만드는 일일 것이다.

하지만 이보다 쉬운 방법이 있다. 원래의 생물학적 몸이 물리적 세계와 접촉하도록 놓아두면서도 그것을 속이는 것이다. 이를테면 몸과 함께 있는 뇌에 재미있는 책을 주어 그 책에 몰입하게 할 수 있다. 이는 당신으로 하여금 자신이 다른 곳에 있거나 다른 사람이라고 상상하게 만드는 값싸고도 효과적인 방법이다. 아니면, 덜 정교하기는 해도 텔레비전, 컴퓨터게임, 3D 안경, 또는 압력 감지 기능과 구동 능력을 갖춘 전신 슈트 같은 수단을 이용할 수도 있다. 이처럼 수조 속의 뇌 실험을 더 현실적으로 구현했을 때 생기는 환각들은 '나는 어디에 있지?'라는 물음을 진정으로 흥미롭게 만든다.

가상 세계를 창조하는 기술이 진화함에 따라, 우리가 스스로 이 물음을 던져야 하는 이유도 점차 커질 것이다. 우리는 어수룩하다. 컴퓨터게임의 허구 세계에 빠져 있으면 현실 세계는 매력을 잃고 현실감과 긴박감도 사그라든다. 반면 3D 안경을 쓰면 우리 자신을 낯선 세계로 이동시키고 다른 존재로 변신시킬 수 있다. 뇌가 오직 계산을 통해 작동한다는 계산주의 마음 이론을 믿는 이들이라면, 의식이 뇌에 위치한다는 생각을 받아들이기 힘들 것이다. 하지만 의식이 환각이라면 그 환각이 다른 곳에 있을 가능성은 없을까? 우리가 틀렸다고 누가 단언할 수 있을까?

생명의 연속성

모든 생명은 오래 살아남으려면 환경 변화에 대비해야 한다. 자신이 살아가는 환경에서 무슨 일이 생겨 생존에 영향을 미칠지 예측하는 모형을 만들어야 한다. 우리도 마찬가지다. 때때로 수학의 형태를 띠는 우리의 인지능력은 과학 같은 활동에 이용될 수 있다. 파리를 잡는 제비나 어스름이 깔릴 때 닫히는 꽃봉오리 같은 다른 생명체도 마찬가지다. 생존 전략은 진화의 결과로서 우리의 하드웨어에 내장되어 있다. 자라는 아이는 똑바로 걷기 위해 내부의 매개변수를 조정해야 한다. 어떤 모형은 세대에 따라 끊임없이 변경되어야 한다. 우리의 문명은 글과 컴퓨터를 통해 지식을 언어적 형태로 전달하는 능력을 신뢰한다. 결국 모든 것은 하나로 수렴된다. 바로 변화를 예상하는 것이다.

생명의 형태는 저마다 다른 것에 초점을 맞춘다. 생각하는 방식이 우리와 다른 외계인은 우리가 할 수 있는 것보다 훨씬 먼 미래를 모형화하고 예측할 것이라고 상상할 수도 있다. 하지만 나는 인간에게 고유한 것이 무엇인지, 우리를 다른 종과 비교해 유일무이하게 만드는 것이 무엇인지 정의하려고 애쓰기보다는 우리와 다른 종(그것이 심지어 박쥐일지라도)의 공통점을 찾음으로써 더 많이 배울 수 있다고 믿는다.

VIII.

자유의지는 없다

THE WORLD ITSELF

걱정 말라. 당신이 영혼에 짓눌리더라도 그것이 바라는 것은 깊고 꿈꾸지 않는 잠에 불과하니까. 사랑받지 못하는 몸은 더는 어떤 고통도 느끼지 않을 것이다. 하지만 근육, 뼈, 살갗을 비롯한 모든 것은 재로 돌아가고 뇌도 결국에는 생각하기를 멈출 것이다. 그것이 우리가 신에게 감사하는 이유다. 존재하지 않는 신에게. 걱정 말라. 모든 것은 헛되다. 당신 이전의 모든 이에게 그랬듯 이것은 평범한 이야기다.

—마를렌 하우스호퍼, 『오스트리아 먼슬리』

실험을 하나 해보자. 준비되었는가? 자유의지를 믿는다면 2초 안에 오른손을 들어보라.

당신이 어느 쪽을 믿든 나는 그것에 이유가 있으리라고 확신한다. 그 이유는 어린 시절까지 거슬러 올라갈 수도 있다. 또는 당신의 뇌나 심지어 개별 원자의 수준에서 일어나는 신경 작용일 수도 있다. 당신의 손이 움직일 때 많은 것을 단순한 물리학과 화학으로 기술할 수 있다. 근육이 가하는 힘을 측정하면 손이 위로 올라가는 속도와 가속도를 계산할 수 있다. 근육 자체가 어떻게 작동하는지, 세포들이 전기적 신호와 화학적 신호에 반응하며 어떻게 수축하고 이완하는지도 기술할 수 있다.

자유의지의 문제는 그 기원을 지목할 수 있는지, 또는 어떻게 지목할지보다는 어떻게 정의하는지와 관련 있다. 당신이 말하는 자유의지는 무엇을 의미하는가? 나는 (내게 중요한 일과 관련해) 어떤 결정을 왜 내렸는지, 어떤 행동을 왜 했는지 질문을 받으면 대체로 그 이유를 설명할 수 있다. 그 이유는 전적으로 인과적인 것일 때도 있다. 내가 먹는 것은 배고프기 때문이고 설거지하는 이유는 깨끗한 부엌을 좋아하거나 누군가를 화나게 만들고 싶지 않기 때문이다. 내가 15년마다 토마스 만의 『마의 산』을 읽는 이유는 더 복잡한데, 그것은 나의 인생 경험과 뇌 구조로 인한 것이다. 내가 10대일 때 친한 친구의 아버지가 그 책은 때때로 다시 읽어야 한다는 생각을 내 머릿속에 심어준 것도 한 가지 이유일 것이다.

내가 적어도 어느 정도는 나의 행동을 설명할 수 있다면 자유의지의 중요성이 반감될까?

당신은 자신의 행동을 여러 방식으로 합리화할 수 있지만, 당신이 다르게 행동할 수도 있었다는 사실은 달라지지 않는다. 아니, 정말로 그럴까? 물론 어떤 행동을 하기로 선택해 그 행동을 하고 나면 결코 다시 무를 수 없으며 그 실험을 완전히 똑같은 조건에서 반복할 수도 없다. 하지만 물리학자로서 나는 '만약'에 근거한 추론을 간과하지 않는 것이 얼마나 중요한지 알고 있다.

문제의 핵심에는 우리가 자유롭게 행동한다는 직관적 느낌과 우리의 선택에 영향을 미치는 결정론적으로 보이는 자연법칙 사이의 갈등이 놓여 있다. 모든 것이 물리법칙의 결과에 불과하다면 행동이 어떻게 자유로울 수 있을지 납득하기 힘들다. 일반적 의미에서의 자유의지가 존재하려면 자연법칙 바깥에서 행동하고 자연법칙에 구애받지 않는 존재를 상상해야 한다(그것을 정신이라고 부를 수 있을 것이다). 이렇게 정의한 자유의지는 곧장 데카르트의 이원론과 연결된다. 자유의지를 가진 정신이 물리법칙 바깥에서 행동한다는 것은 신이 기적을 통해 개입한다는 것과 별반 다르지 않다.

당신이 자유의지를 고집한다면 탈출구는 결정론적 법칙에 난 일종의 틈새여야 한다. 무슨 일이 일어날지 확고하게 결정되지 않는 어떤 빈틈을 남겨둬야 하는 것이다. 양자역학의 절대적으로 우연적인 요소가 요긴할 수도 있다. 자유의지는 모든 것을 이 절대적 우연에 맡겨두기보다는 의도한 결과를 얻기 위해 미시적 수준에서 개입하며 우연을 의도적으로 통제할 것이다. 지금까지 밝혀진 물리적 세계와 자유의지를 양립시킬 수 있다고 생각하더라도 자유의지 개념은 정의상 그것이 물리적 세계의 바깥에 존재한다고 가정할 것이다.

자연주의적 관점에서는 언뜻 결정론적 세계가 더 합리적으로 보이기도 한다. 하지만 실제로는 문제가 그렇게 간단하지 않다. 기본적 문제는 모형과 실재를 혼동하게 된다는 것이다. 모형은 확고하게 결정론적일 수 있지만, 실재 자체가 온전히 결정론적인가는 현실에서 검증할 수 없는 문제다. 결정론적 모형은 제한된 조건 안에서 검증받고 그 유효성을 인정받을 수 있지만, 그 조건을 넘어설 수는 없다. 이런 현실적 한계가 중요하지 않다고, 이론상 적용되는 것을 고려하는 것만으로 충분하다고 주장하는 것은 이원론의 허깨비를 다시 불러들이는 꼴이다. 즉, 상상할 수 있는 모든 측정 데이터에 접근할 수 있는 일종의 대리 관찰자인 도깨비가 무한한 연산 능력을 동원해 결정론적 미래를 예측할 수 있다고 상상하는 것이다. 그렇기에 우리는 자연주의를 배제한다. 우리가 '이론상'을 거론하는 것은 근본적으로 입증 불가능한 것이 참이어야 한다고 말하는 셈이다. 이는 종교적 믿음과 마찬가지로 과학적 접근법과 양립할 수 없다. 도깨비는 우리가 결정론을 고수하기 위해 의존해야 하는 초자연적이고 피안적인 대상에 지나지 않는다. 모든 물리학자는 이것이 게임 규칙 위반임을 안다.

결정론자들은 우리가 모든 것을 아는 존재를 상상할 수

있기 때문에 우리가 내리는 선택을 비롯한 모든 것이 이론상 결정된다고 주장한다. 반면 자유의지를 옹호하는 이들은 자신이 내린 것과 다른 결정을 이론상 내릴 수 있었다고 주장한다. 하지만 다르게 선택할 수 있었는지 여부는 논점을 벗어난 것이다.

자유의지와 결정론 둘 다 이 책에서 일관되게 반박하는 이원론에 기대고 있다는 점은 역설적이다. 자유의지가 진정으로 자유로우려면, 또는 결정론이 완전히 결정적이고 자유롭지 않으려면 보편적 타당성이 필요하다. 내가 주장하는 관점에서 보자면 자유의지와 결정론은 똑같이 어수룩하고 불가능하다. 둘 다 달성 불가능한 전지적 시점과 한물간 이원론을 근거로 삼기 때문이다.

자유의지 개념이 근거로 삼는 세계관은 모형과 세계 자체의 경계가 뚜렷하지 않다. 우리가 세계에 대해 결론을 내리면서 근거로 삼는 모형은 결코 완벽해질 수 없다. 설령 자신의 지식이 제한되어 있음을 인정하더라도, 목적에 맞지 않는 언어와 사고방식에 빠지게 된다. 결정론적 법칙을 검증하려는 물리학자는 실험을 통한 입증 방법을 동원한다. 실험을 할 때는 일정한 초기 조건을 정한 다음 실험을 진행하고 무슨 일이 일어나는지 기록한다. 그러고 나서 몇몇 매개변수를 변경하고 실험을 다시 진행한 다음 결과를 확인하기도 한다. 당신이 이렇게 할 수 있는 비결이 당신의 (데카르트가 기술한 정신 안에 놓여 있는) 자유의지처럼 보일지도 모른다. 겉보기에 본질적으로 다른 두 관념들이 이럴 때는 한데 어우러지다니 참으로 기묘하다.

그럼에도 우리는 자신을 세계에서 빼낼 수 없으며 세계 한가운데에 머물러야 한다. 무슨 일이 벌어지든 우리는 자신의 역할을 하며 자신의 경험을 이해하려고 애쓴다. 우리(여기에는 우리의 의식도 포함된다)는 세계 자체의 중요한 부분이다. 우리는 자연법칙의 노예가 아니다. 자연법칙은 우리 자신을 비롯해 자연이 하는 일을 기술하는 방법에 불과하다. 자연주의자는 세계 한가운데에, 우주 한가운데에 서 있으며 필멸하는 몸에 갇혔지만 불완전한 뇌의 도움을 받아 자신의 관찰을 표현하고자 최선을 다할 뿐이다. 모든 모형에는 한계가 있고, 한계에 다다르면 새로운 물음이 탄생하기 마련이다.

사과가 떨어지는 것은 중력 법칙이 강요하기 때문이 아니다. 사과는 떨어지고 중력 법칙은 우리가 관찰하는 현상을 기술할 뿐이다. 나머지 모든 물리적 현상도 마찬가지다. 우리가 무언가를 바라고 결정할 때 (경우에 따라서는) 자신의 환경이나 자기 자신 안의 요인들로부터, 또한 자신의 생물학적이거나 심리학적인 본성으로부터 선택을 도출하는 것이 가능할지도 모른다. 눈썰미 좋은 관찰자는 당신의 행동을 올바르게 예측할 수 있을지도 모른다. 우리는 다소 성공적인 모형을 끊임없이 만들며 동료 인간들의 행동을 예측한다. 하지만 그들은 우리의 모형과 무관하게 자신이 할 일을 할 것이다. 사과가 떨어지는 것과 마찬가지로 지구는 태양을 공전하고 우주는 팽창하고 당신은 당신의 선택을 내릴 것이다.

출처가 분명하지 않지만, 개구리가 전갈을 강 건너로 데려다주는 이야기가 있다. 적어도 1,500년을 거슬러 올라가는 더 오래된 버전에서는 개구리 대신 거북이 등장한다. 개구리 또는 거북은 전갈이 독침을 쏘아 둘 다 물에 빠져 죽을까 봐 걱정한다. 전갈은 개구리에게 절대 멍청한 짓을 하지 않겠다고 장담하지만 강으로 나가자 개구리에게 독침을 쏜다. 둘 다 물결에 휩쓸려 죽어가며 개구리는 전갈에게 도대체 왜 그랬느냐고 묻는다. 전갈이 대답한다. "본성이라서 어쩔 수 없었어." 어쩌면 이것이 자유의지의 작동 방식인지도 모르겠다. 제거적 실재론자들에게는 미안하지만 자유의지에 대한 우리의 감각은 환각에 지나지 않는지도 모른다.

결정론과 자유의지는 직접 검증할 수 없는 절대적 개념이다. 따라서 현실에서의 유용성은 제한적이며 기껏해야 구체적 모형의 틀 안에서 나름의 역할을 수행하는 근삿값에 불과하다. 세계 자체는 그 속의 모든 별, 입자, 사람과 함께 자신의 일을 한다. 자연법칙은 세계의 모형을 만들려는 우리의 시도에 지나지 않는다. 우리의 시점은 제한적이며 끊임없이 진화한다. 어떤 현상은 영영 우리 너머에 있을지도 모른다. '이론상'이라고 말하는 것으로는 충분하지 않다. 중요한 것은 현실적인 것들이다.

감사의 말

어느 날 아침 누군가 내 사무실 문을 두드렸다. 목소리가 나직하고 눈에 총기가 서린 상냥한 남자가 내게 들어가도 되는지 물었다. 더글러스 호프스태터였다. 그는 몇 달간 물리천문학과에 방문하고 있었는데, 나와는 이미 삶, 우주, 그리고 모든 것에 대해 길고 열띤 토론을 여러 차례 벌인 적이 있었다. 그는 며칠 전 대학 강연에서 일어난 문제에 대해 이야기하고 싶어 했다. 강당은 발 디딜 틈도 없었다. 강연 전후로 그의 세계적 베스트셀러 『괴델, 에셔, 바흐』를 읽은 열성 독자들이 닳아빠진 책에 사인을 받으려고 몰려들었다. 나는 그날 강연 진행을 맡았으며 그를 제대로 소개하고자 최선을 다했다. 그런데 이것이 그의 근심거리였다. 그가 무대에 올랐을 때 음향에 문제가 생겨 그가 나의 소개말에 답한 감사 인사가 녹음되지 않은 것이었다. 그는 스태프를 만나 첫 1분을 새로 녹화했다고 나에게 말했다. 그는 동영상을 보는 사람들이 그 차이를 전혀 알아차리지 못하도록 똑같이 차려입었다. 하지만 그것이 다가 아니었다. 그가 '의식은 어느 정도까지 환각일까?'라는 물음에 대해 끝장을 보는 것이 어떻겠느냐고 제안한 것이다. 물론 나에게는 거부할 수 없는 제안이었다.

우리는 의식과 인공지능뿐 아니라 수학의 본성에 대해서도 여러 차례 길게 토론했다. 그중 일부는 이 책의 토대가 되었다. 그가 나에게 선사한 모든 영감과 통찰에 감사한다. 하지만 의식의 문제에 대해 우리가 합의한 것 같지는 않다. 사실 우리가 무엇에 대해 이견이 있는지에 대해서조차 합의하지 못한 듯하다.

나에게 중요한 영감을 선사한 또 다른 사람은 맥스 테그마크다. 앞서 설명했듯 중대한 문제들에 대해 그와 내가 의견이 완전히 다르다는 사실은 우리가 청중 앞에서 두어 번 열띤 토론을 벌이게 된 계기였다. 감사를 전하고 싶은 또 다른 사람으로 올레 헥스트룀과 파트리크 린덴포르스가 있다. 두 사람과의 논쟁도 무척이나 즐거웠다.

한편 안데르스 칼크비스트는 (특히 살아 있는 유기체와 관련해) 수학적 모형이 쓰이는 방식에 대해 나와 마찬가지로 회의적이었다. 그는 『세계 그 자체』의 초고를 읽고 여러 귀중한 논평들을 제시했다.

나와 가장 많은 토론을 벌인 이는 극작가 에리카 예데온일 것이다. 배경은 다르지만 세계 자체에 대한 우리의 견해에는 공통점이 많다.

이 책의 스웨덴 편집자 에마누엘 홀름에게 더없이 감사한다. 그는 나의 모든 논증을 읽었으며 내가 그것들을 가다듬도록 도와주었다. 여전히 남아 있는 허점들은 내 책임이다.

나와 함께 여러 차례 미로를 헤맨 프레드리크 빅스트룀, 내가 물리학에 너무 치우쳤을 때 다시 옳은 방향으로 인도해 준 문학비평가이자 형제 토미 다니엘손에게도 감사한다. 우리 가족 빅토리아, 만네, 올로프, 다 자란 우리 아이들 오스카르와 클라라의 지지와 영감이 없었다면 그 어떤 책도 쓰지 못했을 것이다.

더 읽을 거리

이 책에서 논의한 여러 주제를 더 깊이 파고들고자 하는 이들에게 아래 책들을 권한다.

I. 모든 것은 물리학이다

어수룩한 유물론을 전반적으로 비판하는 책으로는 『당신은 환각인가?Are You an Illusion?』(Midgley 2014)와 『마음과 우주Mind and Cosmos』(Nagel 2012)를 추천한다. 토머스 네이글은 여러 저작에서 세계에 대한 우리의 이해에는 뭔가 빠진 것이 있다고 주장했으며 물리적 유물론의 여러 결점을 지적했다. 나는 미즐리Mary Midgley와 네이글의 비판에 동의하지만, 물리적 유물론을 물질과 물리학의 정의를 확장하기 위한 대안으로 선택한다. 나의 결론을 개인적 수준에서 어떻게 받아들였는지 보여주는 사례로는 『내 인생의 인문학This Life』(Hägglund 2019. 한국어판은 생각의길, 2021)이 있다. 현상학의 철학적 방향은 『세계 그 자체』를 통틀어 중요한 역할을 한다. 『현상학 입문Phenomenology』(Zahavi 2018. 한국어판은 길, 2022)과 『현상학Phenomenology』(Gallagher 2012) 같은 입문서를 추천한다. 『생명 현상The Phenomenon of Life』(Jonas 1966)은 이원론이 역사적으로 생명을 바라보는 방식에 어떤 역할을 해왔는지 보여주는 매혹적이고도 경이로운 관점을 제시한다.

II. 살아 있는 존재는 기계가 아니다

생명이라는 주제를 다룬 고전 가운데 『생명이란 무엇인가What is Life?』(Schrödinger 1944. 한국어판은 한울, 2021)는 아직까지도 읽을 만한 가치가 있다. 생물학적 생명에 대해 실제로 알려진 것들을 흥미롭게 요약한 최근의 책으로는 『박테리아에서 바흐까지, 그리고 다시 박테리아로From Bacteria to Bach and Back』(Dennett 2017. 한국어판은 바다출판사, 2022)가 있다. 이 책에는 『세계 그 자체』의 여러 대목에서 내가 반박하는 문제적 편견이 담겨 있기도 하다.

III. 우주는 수학이 아니다

『맥스 테그마크의 유니버스Our Mathematical Universe』(Tegmark 2014. 한국어판은 동아시아, 2017)는 여러 면에서 『세계 그 자체』와 대조적이다. 테그마크의 책에 담긴 엄밀한 과학적 내용에는 반대하지 않지만 그의 존재론적 결론은 나에게 낯설다. 수학에 대한 나 자신의 견해에 훨씬 가까운 것은 『수학은 어디서 오는가Where Mathematics Comes From』(Lakoff and Núñez 2000)로, 이 책은 수학이 어떻게 신체적 경험에서 기인하는지 보여준다. 『불완전성Incompleteness』(Goldstein 2005)에서는 불완전성 정리 이면의 인간에 대해 알 수 있다. 수학적 측면에 대해서는 『괴델의 증명Gödel's Proof』(Nagel and Newman 2001, 개정판)이 훌륭한 고전이다. 『황제의 새 마음The Emperor's New Mind』(Penrose 1989. 한국어판은 이화여자대학교출판문화원, 2022)과 『마음의 그림자Shadows of the Mind』(Penrose 1994. 한국어판은 승산, 2014)는 괴델의 결론과 그 영향을 살펴본 매혹적인 책이다. 일부 결론이 나의 결론과 결정적으로 다르기는 하지만. 모든 것이 실제로 무엇을 의미하는지에 대한 냉철하고 사실적인 비평은 「괴델의 불완전성 정리의 철학적 타당성에 대하여On the Philosophical Relevance of Gödel's Incompleteness Theorems」(《국제철학리뷰Revue Internationale de Philosophie》 234호, 제4권(2005), 513-534쪽)에서 찾아볼 수 있다. 괴델의 주제에 대한 수학적 수수께끼에 빠져들고 싶은 이들에게는 『영원한 미결정 상태Forever Undecided』(Smullyan 1987)를 권한다. 시시때때로 읽어도 좋을 무궁무진한 영감의 원천으로는 『괴델, 에셔, 바흐Gödel, Escher, Bach』(Hofstadter 1979. 한국어판은 까치, 2017)가 있다.

IV. 모형과 실재는 같지 않다

나에게 유익했던 책은 『몸의 철학Philosophy in the Flesh』(Johnson and Lakoff 1991. 한국어판은 박이정, 2002)이다. 이 책은 플라톤적 망상을 자세히 분석하며 자연주의적 대안을 제시한다.

V. 컴퓨터는 의식이 없다

『데카르트의 사라진 유골Descartes' Bones』(Shorto 2008. 한국어판은 옥당, 2013)은 데카르트 사후에 그에게 일어난 일에 대한 으스스하고도 재미있는 이야기를 들려준다. 『데카르트의 오류Descartes' Error』(Damasio 1994. 한국어판은 Nun, 2019)는 우리가 뇌로 생각할 뿐 아니라 몸 전체에 의존하고 있음을 강조한다. 나와 정반대 견해로는 『맥스 테그마크의 라이프 3.0Life 3.0』(Tegmark 2017. 한국어판은 동아시아, 2017)과 『슈퍼 인텔리전스Superintelligence』(Bostrom 2014. 한국어판은 까치, 2017)를 추천한다. 『의식의 수수께끼를 풀다Consciousness

Explained』(Dennett 1991. 한국어판은 옥당, 2013)는 부분적으로 나와 매우 동떨어진 입장을 옹호한다. 『세계 그 자체』에서 나는 물리주의자를 자처한다. 『카를 헴펠의 철학The Philosophy of Carl G. Hempel』(Fetzer 2001)에서는 이 개념에 대한 흥미로운 문제 제기를 볼 수 있다. 1997년 3월 6일 자《뉴욕 리뷰 오브 북스The New York Review of Books》에서, 존 설은 『의식을 가진 마음Conscious Mind』(Chalmers 1996)을 비평했다. 이 서평은《뉴욕 리뷰 오브 북스》1997년 3월 15일 자에서 흥미로운 의견 교환으로 이어졌다.

VI. 모든 것을 계산할 수 있는 것은 아니다

『불완전한 자연Incomplete Nature』(Deacon 2011)은 미시적 물리학으로부터 유도할 수 없는 거시적 자연법칙이 존재할 가능성을 체계적으로 탐구한다. 『위의 행위자, 아래의 원자Agent Above, Atom Below』(Hoel 2018)는 비슷한 생각을 더 자세히 분석한다. 지금까지 쓰인 책들 가운데 가장 비범하고도 까다로운 책 중 하나는 『생명 자체Life Itself』(Rosen 1991)다. 좀 더 간결한 형태는 『생명 자체에 대한 소론들Essays on Life Itself』(Rosen 2000)에서 볼 수 있다. 이어지는 책으로는 『생명에 대한 고찰The Reflection of Life』(Louie 2013)이 있다. 생명을 바라보는 이 방식을 개관하는 최고의 책은 『생명 속의 마음

Mind in Life』(Thompson 2007. 한국어판은 도서출판b, 2016)이며, 「'생명이란 무엇인가'라는 물음에 대한 접근들Approaches to the Question, 'What is Life?'」,《자연사회철학저널The Journal of Natural and Social Philosophy》4, 1-2 (2008): 53-77쪽은 로즌을 더 넓은 맥락에서 들여다본다.

VII. 인간은 특별하지 않다

다른 존재의 내면 세계라는 주제에 대해서는 「박쥐가 되는 것은 어떤 느낌일까?What Is It Like to Be a Bat?」,《필로소피컬 리뷰The Philosophical Review》83, 4 (1974): 435-450쪽이 고전이다. 이 생각들은 『난데없는 관점The View from Nowhere』(Nagel 1986)과 『이 모든 것은 무엇을 의미하는가What Does It All Mean?』(Nagel 1987. 한국어판은 궁리, 2014)에서 더욱 발전된다. 인간이 아닌 주체에 대해 비교적 현대적이고 쉽게 접할 수 있는 책으로는 『아더 마인즈Other Minds』(Godfrey-Smith 2016. 한국어판은 이김, 2019), 『물고기는 알고 있다What a Fish Knows』(Balcombe 2016. 한국어판은 에이도스, 2017), 『찬란한 초록Brilliant Green』(Mancuso and Viola 2015)이 있다. 놀라운 관점을 제시하는 심오한 철학적 작업으로는 『운동의 일차성The Primacy of Movement』(Sheets-Johnstone 2011, 확장증보판)이 있다. 또한 이 책은 현상학의 관련 부분을 개관한다. 물론 『구토Nausea』

(Sartre 1938. 한국어판은 문예출판사, 2020)는 꼭 읽어야 한다.

VIII. 자유의지는 없다

『자유의지라는 헛소리The Nonsense of Free Will』(Oerton 2012)는 자유의지를 믿는 모든 이에게 권하는 책이다.

세계 그 자체

현대 과학에 숨어 있는, 실재에 관한 여덟 가지 철학

초판 1쇄 펴낸날 2023년 8월 18일
초판 2쇄 펴낸날 2023년 9월 4일
지은이 울프 다니엘손
옮긴이 노승영
펴낸이 한성봉
편집 최창문·이종석·오시경·이동현·김선형·전유경
콘텐츠제작 안상준
디자인 권선우·최세정
마케팅 박신용·오주형·강은혜·박민지·이예지
경영지원 국지연·송인경
펴낸곳 도서출판 동아시아
등록 1998년 3월 5일 제1998-000243호
주소 서울시 중구 퇴계로30길 15-8 [필동1가 26] 무석빌딩 2층
페이스북 www.facebook.com/dongasiabooks
전자우편 dongasiabook@naver.com
블로그 blog.naver.com/dongasiabook
인스타그램 www.instargram.com/dongasiabook
전화 02) 757-9724, 5
팩스 02) 757-9726

ISBN 978-89-6262-573-8 03400

만든 사람들
책임편집 이종석
디자인 핑구르르
크로스교열 안상준